生態の不思議を話したくなる！
英語対訳で読む 動物図鑑

飯野 宏
Hiroshi Iino 監修

Gregory Patton 英文執筆

JN175461

j JIPPI
Compact

実業之日本社

Preface

What do we call that animal in English? Haven't you ever had such a question? This book is a book that describes 89 typical animals in English. Those who looked at "Illustrated Encyclopedia of Animals" when they were children, may have new discoveries by reading again in English. For example, in English two words are used differently for "hato," pigeon(large size) and dove(small size as a symbol of peace). Also, "ashika" is called a sea lion in English. Like this, we can learn about animals from a different way of thinking. Furthermore, since all animal are explained with illustrations, I think you will be able to read it with the feeling of looking at an illustrated encyclopedia.

The teacher in charge of the English writing of this book, Gregory Patton, translated it using simple English as much as possible. While deepening your knowledge of animals, it was designed to be able to study English at the same time. In charge of the editorial supervision of the Japanese text, Hiroshi Iino, graduated from the Faculty of Agricultural and Veterinary Medicine at Nihon University(currently the Nihon University College of Bioresource Sciences) and is a person with deep knowledge of the field of biology.

In this book, numbers are given to every English and Japanese sentence, so that we can read comparing the English and Japanese sentences. Also technical terms and important words and phrases are underlined and a Japanese translation is added. Please consult them when reading the English sentences.

I would like to take this opportunity to express my gratitude to the members of MYPLAN who edited, everyone at DTP Unix team, and also Kazuhiro Kikuchi at Jitsugyo no Nihon Sha, Ltd. and Mamoru Ogino at Office ON for lending their help on this project.

Satoshi Mori, MYPLAN

はじめに

　あの動物って、英語で何ていうんだろう？　そんな疑問をもったことはありませんか。本書は代表的な89種の動物を英語で解説した本です。子どもの頃に、『動物図鑑』を見ていた方も、英語で読み直すことで、新たな発見があるかもしれません。たとえば、「ハト」は英語では pigeon（大型のハト）と dove（平和の象徴としての小型のハト）の2語で使い分けます。また、「アシカ」は英語で sea lion（海のライオン）といいます。このように、発想の違いから動物について学ぶことができます。さらに、全動物をイラストつきで解説しているので、図鑑を見ている気分でお読みいただけると思います。

　本書の英文執筆を担当してくださった Gregory Patton 先生は、できるだけ平易な英語を使って翻訳してくれました。動物についての知識を深めながら、同時に英語の勉強ができるように工夫されています。日本文の監修を担当してくださった飯野宏先生は日本大学農獣医学部（現・生物資源科学部）卒業で、生物分野に造詣が深い方です。

　本書では、すべての英文、日本文にそれぞれ番号をつけて、英文と日本文を対比して読めるようにしています。また、専門用語や重要語句に下線を引いて、日本語訳をつけています。英文を読むときの参考にしてください。

　編集をしてくれたマイプランのメンバー、DTP のユニックスのみなさん、そして実業之日本社の菊地一浩さんとオフィスＯＮの荻野守さんに、この場を借りて厚く御礼申し上げます。

執筆／マイプラン　森智史

装幀／杉本欣右
カバー画・本文イラスト／笹森識
ＤＴＰ／ユニックス
本文編集／森智史（マイプラン）
編集協力／荻野守（オフィスON）

Contents

目　次

Contents

Chapter **3**	Mammals - Cetartiodactyla
	哺乳類の動物－クジラ偶蹄目

Chapter **6**   Birds
鳥類の動物

Chapter 7 | Reptiles
爬虫類の動物

Chapter 8 | Amphibians
両生類の動物

Chapter 1
Classification of Animals

第 1 章
動物の分類

軟体動物

哺乳類

1. Classification of Living Things
分類

① There are many living things inhabiting the earth, and there
〜がある　多くの　生物　　〜に生息する　　　地球

are around *1.9 million species of named living things.
約　　　190万　　種　　名づけられた

② Including unidentified living things, it is said that tens of
〜を含めて　未確認の　　　　　　　〜といわれている　数千万

millions of species inhabit the earth.

③ The many living things inhabiting the earth are generally
一般に

classified into 7 levels: kingdom, phylum, class, order, family,
〜に分類される　階層　　界　　門　　綱　　目　　科

genus, and species.
属　　　種

④ In kingdoms, living things are divided into 5 large groups,
〜に分けられる　　大きな　グループ

animals, plants, fungi and so on.
動物　　植物　菌類（ファンガイ）〜など

⑤ For example, humans are classified like this, kingdom-animalia,
たとえば　ヒト　　　　　　　〜のように　動物界

phylum-chordata, class-mammalia, order-primates, family-
脊椎動物門　　　哺乳綱　　　　サル目　　　　　　ヒト科

hominidae, genus-homo and species-homo sapiens.
ヒト属　　　　　　ヒト

⑥ Also, a universal academic name which is given to a living
また　　世界共通の　学術上の　　　　　　与えられる

thing and expressed in Latin is called the scientific name.
表わされる　　ラテン語　〜と呼ばれる　　学名

⑦ The scientific name of humans is Homo sapiens.
ホモサピエンス

*1.9 million : one point nine million（million : 100万）

12

●生物の分類

	Human （ヒト）	Emperor Penguin （コウテイペンギン）
Kingdom キングダム （界）	Animalia アニマリア （動物界）	Animalia （動物界）
Phylum ファイラム （門）	Chordata コーデイタ （脊椎動物門）	Chordata （脊椎動物門）
Class クラス （綱）	Mammalia ママリア （哺乳綱）	Aves エイブズ （鳥綱）
Order オーダー （目）	Primates プライメイツ （サル目）	Sphenisciformes スフェニスキフォーメス （ペンギン目）
Family ファミリー （科）	Hominidae ホミニデイ （ヒト科）	Spheniscidae スフェニスキデイ （ペンギン科）
Genus ジーナス （属）	Homo ホウモウ （ヒト属）	Aptenodytes アプテノダイテイス （オウサマペンギン属）
Species スピーシーズ （種）	Homo sapiens セイビエンス （ヒト）	Aptenodytes forsteri フォーステリ （コウテイペンギン）

和訳

1 生物の分類

①地球上にはたくさんの生物が生息していて、名前をつけられている生物は約190万種います。

②未確認の生物を含めると、地球上には数千万種の生物が生息しているといわれています。

③地球上に生息する多くの生物は、一般に、界、門、綱、目、科、属、種の7つの階層に分けて分類されます。

④界は、生物を動物界、植物界、菌界など、大きく5つのグループに分けたものです。

⑤たとえば、ヒトは「動物界、脊椎動物門、哺乳綱、サル目、ヒト科、ヒト属、ヒト」のように分類されます。

⑥また、学術上、生物につける世界共通の名称で、ラテン語で表わしたものを学名といいます。

⑦ヒトの学名は、ホモサピエンスです。

2. Classification of Animals
分類

① In animals, there are vertebrates which have a backbone and
動物　　　〜がある　脊椎動物　　　　　　　　　背骨

invertebrates which don't have a backbone.
無脊椎動物

② Vertebrates are divided into 5 groups: fish, amphibians,
　　　　　　〜に分けられる　　　グループ　魚類　両生類

reptiles, birds and mammals.
爬虫類　鳥類　哺乳類

③ Mammals are born after growing inside the mother's body to a
　　　　　生まれる　〜の後で 成長する　〜の内部で　母親　体

certain degree and the mother raises the young with her milk.
ある程度　　　　　　　　　育てる　子ども　〜を使って 乳

④ The front *legs of birds are wings and their bodies are covered
　　　前あし　　　　　　　翼　　　　　　　　　　〜でおおわれている

with feathers.
羽毛

⑤ Snakes and other reptiles are strong in dry conditions and their
ヘビ　　　その他の　　　　強い　　乾燥した 状況

bodies are covered with scales.
　　　　　　　　　　ウロコ

⑥ Frogs and other amphibians live life underwater when young
カエル　　　　　　　　　　生活する　水中で　　〜のとき

and the parents live life mainly next to the water or on land.
　　　親　　　　　　主に　水辺で(←水に隣接して)　陸上で

⑦ Fish breathe with gills and live their whole life underwater.
　　呼吸する　えら　　　　　　　　生涯

⑧ Invertebrates include mollusks such as squid and clams,
　　　　　　〜を含む　軟体動物　〜など　イカ　　アサリ
　　　　　　　　　　　　　　クラステイシャンズ

arthropods such as insects and crustaceans, jellyfish and starfish,
節足動物　　　　昆虫類　　　甲殻類　　　クラゲ　　ヒトデ

and many others.
　多くの　他のもの

*leg：あしのうち、ももからくるぶしまでの部分を表わす。くるぶしからあし先までの部分は foot。

●動物の分類

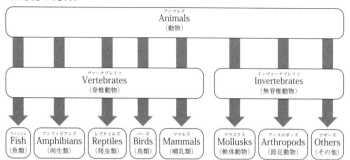

和訳

2 動物の分類

①動物には、背骨をもつ脊椎動物と、背骨をもたない無脊椎動物がいます。

②脊椎動物は、魚類、両生類、爬虫類、鳥類、哺乳類の5つのグループに分けられます。

③哺乳類の動物は、子が母親の体内で、ある程度育ってから生まれ、母親は子を乳で育てます。

④鳥類の前あしは翼になっていて、体表は羽毛でおおわれています。

⑤ヘビなどの爬虫類は乾燥に強く、体表はウロコでおおわれています。

⑥カエルなどの両生類は、子は水中、親は主に水辺や陸上で生活します。

⑦魚類はえらで呼吸し、一生を水中で生活します。

⑧無脊椎動物には、イカやアサリなどの軟体動物や、昆虫類や甲殻類などの節足動物、クラゲやヒトデなど、多くの仲間が含まれます。

What is the Five-kingdom System?
五界説って、何？

^① In original biology, we divide the living world into the plant kingdom and the animal kingdom, and treat non-animal living creatures as plants. ^② Now, the Five-Kingdom System which divides the living world into 5 kingdoms, the Plant Kingdom, the Animal Kingdom, the Fungi Kingdom, the Monera Kingdom and the Protist Kingdom is more popular. ^③ In the Fungi Kingdom, such things as molds and mushrooms are included. ^④ Single-celled organisms such as bacteria that can be made easily are classified into the Monera kingdom. ^⑤ Living things which do not belong to plants, animals, fungi, or Monera are classified into the Protist Kingdom.

①従来の生物学では、生物界を植物界と動物界に分け、動物でない生物は植物として扱ってきました。②現在は、生物界を植物界、動物界、菌界、モネラ界、原生生物界の5つに分ける五界説が有力です。③菌界にはカビやキノコの仲間（菌類）が含まれます。④細菌類など簡単なつくりの単細胞生物はモネラ界に分類されます。⑤植物・動物・菌・モネラに属さない生物が原生生物界に分類されます。

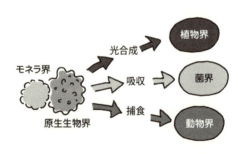

Chapter 2
Mammals - Carnivora

第2章
哺乳類の動物－ネコ目

3. Lion

ライアン

Life-span : 10~15 years.
Main Foods : (large and small) mammals , small animals.

① Lions live in Africa and India.
　ライオン　暮らす　アフリカ　　インド

② Lions rest during the day because it is hot and go out to hunt
　　　　　休む　　日中　　　　～なので　　　暑い　　　出かける　　狩りをする

from evening to night.
　　　夕方　　　夜

③ Lions live in female-centered groups of 10 to 20 animals called
　　　　　　　　メスを中心とする　　群れ　　10～20の　　　　　　～と呼ばれる

prides.
プライド

④ When hunting, the females of the pride spread out and stalk
　～するとき　　　メス　　　　　　　　　分散する　　　　そっと近づく

the prey, surrounding one animal they strike suddenly.
　　獲物　　　囲む　　　　　　　　　　　襲う　　突然

⑤ The male lion rules as the leader of the pride and mates with
　　　オス　　　君臨する ～として　リーダー　　　　　　　　交尾する

most of the females in the pride.
ほとんどの

⑥ Males born into the pride are chased away when they become
　　　～に生まれた　　　　追い出される　　　　　　　～になる

2 to 3 years old.
　　　～歳

⑦ The males which are chased away, move from place to place,
　　　　　　　　　　　　　　　　放浪する(←転々と移動する)

join a pride without a male leader, or fight with the leader of a
加入する　～のない　　　　　　　　　　戦う

pride and take over.
　　　乗っ取る

⑧ When the leader of a pride changes, the new male kills all of
　　　　　　　　　　　　変わる　　　　　　　　　　殺す

the old leader's cubs and let his own cubs be born.
　　前の　　　子　　　～させる 自分自身の

和訳

3 ライオン │《ネコ科》

寿命：10〜15年。
主食：哺乳類（大型〜小型）、小動物。

①ライオンは、アフリカやインドに生息しています。

②日中は暑いのでじっとしていて、夕方から夜にかけて狩りに出ます。

③ライオンは、メスを中心とするプライドと呼ばれる 10 〜 20 頭の群れをつくって暮らしています。

④狩りはプライドのメスたちが分散して獲物に接近し、1 頭に狙いをしぼって襲いかかります。

⑤オスはプライドのリーダーに君臨し、プライドのメスたちとほぼ交尾をします。

⑥**生まれたオスは 2 〜 3 歳になるとプライドから追い出されます。**

⑦**追い出されたオスは、放浪するか、リーダー不在のプライドに入るか、プライドのリーダーと戦って乗っ取ります。**

⑧プライドのリーダーが交代すると、オスは前のリーダーの子を殺し、自分の子を生ませます。

4. Cheetah
チータ

⋯⋯《Cat Family》

Life-span : 8~12 years.
Main foods : Mammals, small animals and so on.

① Cheetahs mainly inhabit Africa.
チーター　　主に　　〜に生息する　アフリカ

② There are also some cheetahs which inhabit Iran.
〜がいる　　〜もまた　一部の　　　　　　　　　イラン

③ Cheetahs live on the ground such as in grasslands and in
チーター　暮らす　地表に　　　　〜などの　　草原

forests, but they also climb up trees.
林　　　　　　　　　　　　登る　　木

④ Now the number of cheetahs is getting smaller and there is a
現在　　　数　　　　　　　　　　減りつつある

danger of dying out.
危険　　　絶滅すること

⑤ Cheetahs, unlike other animals of the cat family, can't withdraw
　　　　　〜とは違って　他の　動物　　　　ネコ科　　　　　　引っ込める

their claws.
クローズ
爪

⑥ These claws are like spikes and cheetahs can run as fast as
　　　　　　　　〜のような　スパイク　　　　　　　　走る　〜と同じくらい速く

*110 kilometers an hour.
110 キロメートル　　　1時間につき

⑦ Cheetahs are the fastest animals on land and they quickly
　　　　　　　　最も速い　　　動物　陸上で　　　　　　　素早く

overtake and catch prey.
追いつく　　つかまえる　獲物

⑧ Cheetahs do not make groups and hunt alone.
　　　　　　　　つくる　群れ　　狩りをする　単独で

⑨ Cheetahs hunt in the morning and evening so that they don't
　　　　　　　　　朝　　　　　　夕方　　　〜するように

interfere with lions and others which are active at night.
邪魔をする　　ライオン　他の動物　　　　活動的な　夜

*110 kilometers : one hundred ten kilometers

和訳

4　チーター｜《ネコ科》

寿命：8〜12年。
主食：哺乳類、小動物など。

①チーターは、主にアフリカに生息しています。

②一部は、イランに生息するものもいます。

③チーターは、草原や林などの地表に生息していますが、木の上に登ることもあります。

④現在は数が減ってきており、絶滅のおそれがあります。

⑤チーターは、他のネコ科の動物と異なり、爪を引っ込めることができません。

⑥**この爪がスパイクの役割をして、時速110kmもの速さで走ることができます。**

⑦チーターは、陸上で最もあしの速い動物で、瞬時に獲物に追いつき、捕らえます。

⑧チーターは、群れをつくらず、狩りも単独で行ないます。

⑨夜行性のライオンなどと時間が重ならないように、朝や夕方に狩りを行ないます。

Jaguar
ジャガー

Life-span : 12~15 years.
Main foods : Mammals, small animals and so on.

① The jaguar is the largest animal of the cat family inhabiting the
ジャガー　　　最も大きい　動物　　　　ネコ科　　　　〜に生息する

North and South American continents.
南北アメリカ大陸

② They inhabit the tropical rainforests and forests along the
　　　　　　　　　熱帯雨林　　　　　　林　　〜に沿った

banks of the Amazon River.
岸　　　　　アマゾン川

③ The name jaguar means "*she who kills with one jump" in the
　　名前　　　　意味する　　　　　殺す　　〜で　一度の ジャンプ

local language and they are also called the King of the Amazon.
地元の　言葉　　　　　　〜とも呼ばれる　　　王者

④ Jaguars are good at climbing trees and swimming.
　　　　　〜が得意である　登ること　木　　　泳ぐこと

⑤ They also swim underwater and catch crocodiles, turtles and
　　　　　　　　　水中で　　　　　つかまえる ワニ　　　　カメ

fish.
魚

⑥ The body of the jaguar is covered with a pattern of many small
　　体　　　　　　　　　〜でおおわれている　　模様　　多くの　小さい

black dots surrounded by large black circles.
　　　点　囲まれた　　　　　　　輪

⑦ The jaguar has a bigger head than cheetahs and leopards, and
　　　　　　　　　より大きい 頭　〜より チーター　　ヒョウ

has a solid body with short legs.
　　がっちりした　　　　短い　あし

⑧ The jaguar doesn't make groups and is active mainly at night.
　　　　　　　　　つくる　群れ　　　　　活動的な 主に　　　夜

*she：動物を受ける代名詞は he も she も使えるが、jaguar の場合は、好んで she が使われる。

22

和訳

5 ジャガー | 《ネコ科》

寿命：12〜15年。
主食：哺乳類、小動物など。

①ジャガーは、南北アメリカ大陸に生息する最も大きいネコ科の動物です。

②アマゾンの熱帯雨林や川沿いの林に生息しています。

③ジャガーという名前には、現地の言葉で「一突きで殺すもの」という意味があり、アマゾンの王者とも呼ばれています。

④ジャガーは、木登りや泳ぎが得意です。

⑤水中を泳いで、ワニやカメ、魚を捕らえることもあります。

⑥ジャガーの体には、小さな黒い点を黒色の大きな輪で囲んだような模様がたくさんあります。

⑦ジャガーは、チーターやヒョウよりも頭が大きく、あしが短いがっちりとした体つきをしています。

⑧ジャガーは、群れをつくらず、主に夜に活動します。

6. Tiger

タイガー

······《Cat Family》

Life-span : 10~15 years.
Main foods : Mammals, small animals and so on.

① Tigers inhabit the land *from central Asia to southern Asia.
トラ ~に生息する 陸地 ~から…まで アジア中部 アジア南部

② Tigers are the largest members of the cat family and their
最も大きい 仲間 ネコ科

bodies are larger in the further north they inhabit.
体 より大きい さらに 北

③ When the body is large, heat released from the body is less,
~とき 熱 放出される より少ない

and even in cold regions body temperature can be maintained.
~でさえ 寒い 地域 温度 保持される

④ The Amur tiger, which inhabits China and so on is a size larger
アムールトラ 中国 など 大きさ

than the Sumatran tiger which inhabits Indonesia.
~より スマトラトラ インドネシア

⑤ Tiger's bodies are dark reddish-brown and there is a pattern of
茶褐色(←暗い赤みを帯びた茶色) ~がある 模様

black stripes.
しま

⑥ Thanks to the striped pattern, tigers are difficult to see in
~のおかげで しまのある 難しい 見える

nature and can secretly get close to prey.
自然 こっそり 近づく 獲物

⑦ Tigers have excellent jumping power and, all at once, jump and
すぐれた ジャンプする 力 いっきに

attack prey.
襲う

⑧ Raising of cubs is done only by females and cubs learn how to
育てること 子 なされる メス 学ぶ 狩りの仕方

hunt from their mothers.
母親

*from ~ to : 連語として扱い、「~から…まで」の意。from のみに下線訳をつけ、to の下線訳は省略して
ある(以下、連語は同様の表記とする)。

和訳📌

6 　トラ｜《ネコ科》

寿命：10〜15年。
主食：哺乳類、小動物など。

①トラは、アジア中部からアジア南部にかけて生息しています。

②ネコ科の動物の中で最も大きく、北の地域に生息する種類ほど、体が大きくなっています。

③体が大きいと、体からの熱の放出が少なくなり、寒い地域でも体温を維持することができます。

④中国などに生息するアムールトラは、インドネシアに生息するスマトラトラよりもひとまわり大きいです。

⑤トラの体は茶褐色で、黒色のしま模様があります。

⑥**しま模様のおかげで、トラは自然の中で目立ちにくく、こっそり獲物に近づくことができます。**

⑦すぐれたジャンプ力をもち、茂みからいっきに飛びかかり、獲物を襲います。

⑧子育てはメスのみが行ない、子どもは狩りの仕方を母親から学びます。

7. Leopard

レパード

……《Cat Family》

Life-span : 10~15 years.
Main foods : Mammals, small animals and so on.

① Leopards inhabit an unusually wide range from Asia to Africa
and can live in various places such as arctic forests and deserts.

② There is a black spotty pattern on the body of the leopard and
they can hide well in the bushes.

③ With a flexible body and excellent jumping power, leopards are
good at climbing trees.

④ Leopards also lie in wait in trees and attack prey.

⑤ Leopards carry the captured prey into the trees and eat it so
the captured prey isn't taken by hyenas or others.

⑥ Because of a mutation there are also leopards born with black
hair on their bodies called black leopards or black panthers.

⑦ There is the same black spotty pattern as brown leopards also
on the bodies of black leopards.

和訳

7 ヒョウ │《ネコ科》

寿命：10〜15年。
主食：哺乳類、小動物など。

①ヒョウは、アジアからアフリカまで非常に広い範囲に生息し、寒帯の森や砂漠など、さまざまな環境で暮らすことができます。

②ヒョウの体には、黒のまだら模様があり、茂みにうまく隠れることができます。

③しなやかな体で、すぐれたジャンプ力をもち、木登りが得意です。

④木の上で獲物を待ち伏せし、襲いかかることもあります。

⑤**捕らえた獲物をハイエナなどに横取りされないように、木の上に運んで食べます。**

⑥突然変異によって、全身の毛が黒いクロヒョウと呼ばれるヒョウが生まれることもあります。

⑦クロヒョウの体にも、茶色のヒョウと同じような黒いまだら模様があります。

キャット

Life-span : 5~15 years.
Main foods : Small animals, mammals, birds and so on.

① It is said that the ancestor of the cats which humans keep as
　～といわれている　　　　祖先　　　　　ネコ　　　　人間　　飼う　～として

pets was a domesticated African wildcat.
ペット　　　　飼いならされた　　リビアヤマネコ

② Cats are animals with very flexible bodies.
　　　　　　動物　～をもった とても しなやかな 体

③ Even if a cat falls from a high place with its back down, it can
　たとえ～でも　　　落ちる　　　高い 場所 ～の状態で 背中 下に

twist its body and land on its feet.
回す　　　　　着地する あしで

④ Although cats are meat eaters, they may also eat grass to spit
　～だが　　　　　肉食動物　　　　～する場合がある ～も 食べる 草　　吐き出す

out bad food or hairballs from their stomachs.
　　悪い 食べ物 毛玉　　　　　　胃

⑤ In order to remove old claws and grow new sharp claws, cats
　～するために 取り除く 古い 爪　　　　生やす 新しい 鋭い

クローズ

scratch on posts and so on.
引っかく 柱　　など

⑥ There are many whiskers on the faces of cats and by feeling
　～がある　　　　ひげ　　　　　　顔　　　　　　　　　　　　感じること

the wind they help cats to check out their surroundings and
　　風　　　　　　役立つ　　　　調べる　　　　　周囲の状況

measure the size of gaps.
はかる　　　　大きさ すき間

和訳

8 ネコ | 《ネコ科》

寿命：5〜15年。
主食：小動物、哺乳類、鳥など。

①ペットとして人間に飼われているネコの祖先は、野生のリビアヤマネコを飼いならしたものだといわれています。

②ネコは体がとてもやわらかい動物です。

③高い場所から背中を下にして落ちても、体を反転させてあしから着地することができます。

④肉食動物ですが、胃に入れた悪い食べ物や毛玉を吐き出すために草を食べることもあります。

⑤**古くなった爪をはがして新しいとがった爪を出すため、柱などを引っかいて爪とぎをします。**

⑥ネコの顔にはたくさんのひげがあり、風を感じることでまわりの様子を調べたり、すき間の幅をはかったりするのに役立ちます。

29

9. Hyena

ハイイーナ

……《Hyena Family》

Life-span : 10~20 years.
Main foods : Mammals, birds, small animals and so on.

① Hyenas inhabit Africa and Asia.
　　ハイエナ　〜に生息する　アフリカ　　　アジア

② They have a body shape with low hips and look very much like
　　　　　　　体形　　　　　〜をもった 下がった 尻　　　〜に見える　　　　〜に似た

a dog.
イヌ

③ Because they eat dead bodies of animals and the leftovers of
　〜なので　　　食べる 死骸(←死んでいる体) 動物　　　　　　食べ残し

other meat eaters, they are called "the cleaners of the savanna".
他の　肉食動物　　　　　〜と呼ばれる　　掃除屋　　　　　サバンナ

④ The aardwolf, a member of the hyena family, inhabits northeast
　　アードウルフ　仲間　　　　　ハイエナ科　　　　　北東部の

and southern Africa and mainly eats termites.
南部の　　　　　　　　主に　　シロアリ

⑤ Members of the hyena family other than the aardwolf have a
　　　　　　　　　　　　　　〜以外の

developed jaw and teeth and can eat by chewing to the bone.
発達した　あご　　歯　　　　　　　　かむこと　〜まで　骨

⑥ The females of spotted hyenas are larger than the males and
　　　メス　　　ブチハイエナ　　　〜より大きい　　オス

form groups with a female leader.
〜を形成する 群れ　　　　リーダー

⑦ Spotted hyenas are also good at hunting, not only by stealing
　　　　　　　　〜も　〜が得意である 狩りをすること 〜だけでなく…も 盗むこと
　　　　　　　　　　　　　　　　　　　　　　　ヌー
the prey of other animals but also by attacking *gnu(described
獲物　　　　　　　　　　　　　　　　　襲うこと　ヌー　後述(←あとで述べられる)

later) and other animals in a herd.
　　　　　　　(大きな動物の) 群れ

*gnu : gnu の複数形は単数形と同じ gnu、もしくは gnus。

和訳

9 ハイエナ ｜《ハイエナ科》

寿命：10〜20年。
主食：哺乳類、鳥、小動物など。

①ハイエナは、アフリカやアジアに生息しています。

②尻の下がった体形が特徴で、イヌによく似た姿をしています。

③動物の死骸や他の肉食動物の食べ残しを食べるため、「サバンナの掃除屋」と呼ばれています。

④アフリカ北東部や南部に生息するハイエナの仲間のアードウルフは、主にシロアリを食べます。

⑤アードウルフ以外のハイエナの仲間は、発達したあごと歯をもち、動物の骨までかみ砕いて食べます。

⑥オスよりもメスのほうが大きいブチハイエナは、メスをリーダーとする群れをつくります。

⑦ブチハイエナは他の動物がとった獲物を横取りするだけでなく、群れでヌー（後述）などの動物を襲うこともあり、狩りも得意です。

Life-span : 10~13 years.
Main foods : Mammals, pellets and so on.

① Dogs are animals which have been kept by humans from long,
イヌ　　　動物　　　　　　　飼われている　　人間　　ずっと昔から

long ago and it is said that they come from selective breeding
　　　　　　　　～といわれている　　　　～からくる　　選抜育種（←精選された育種）

with wild wolves.
　　野生の オオカミ

② Dogs have an excellent sense of smell and it is said that their
　　　　　　　　すぐれた　嗅覚（←においの感覚）

ability to distinguish scents is about one million times better than
能力　　　区別する　　におい　　　　　100万倍　　　　　～よりよい

humans.

③ Like German shepherds which are active as police dogs, there
～のように シェパード　　　　　　　　　活躍して ～として 警察犬　　　～がいる

are also dogs which do a variety of work for humans.
　　～もまた　　　　さまざまな　　仕事　～のために
　　　　　　　　　　　　　　　　ヴァリエイト

④ Male dogs will raise one leg and urinate at the height of other
　オスの　　　上げる　　あし　おしっこをする　　高さ　　他の

dogs' noses to mark territory.
　　　鼻　　示す　なわばり

⑤ Female dogs urinate by lowering their hips.
　メスの　　　　　　低くすること　尻

⑥ Dogs sweat only from the pads under their feet.
　　汗をかく ～しか　　肉球　～の下に　　あし

⑦ To keep their bodies from becoming too hot, dogs cool their
　～することを避ける　体　　～になること あまりに 熱い　　冷やす

bodies by sticking out their tongues.
　　　つき出すこと　　舌

32

10 イヌ │《イヌ科》

寿命：10〜13年。
主食：哺乳類、固形飼料（ペレット）など。

①イヌは最も古くから人間に飼われている動物で、野生のオオカミを人工的に改良して生まれたといわれています。

②すぐれた嗅覚(きゅうかく)をもっていて、においをかぎ分ける能力は人間の約100万倍といわれています。

③警察犬として活躍するシェパードのように、人間のためにさまざまな仕事をするイヌもいます。

④オスのイヌは、他のイヌの鼻の高さにおしっこをかけてなわばりを示すため、片あしを上げておしっこをします。

⑤メスのイヌは尻を落としておしっこをします。

⑥**イヌは、あしの裏の肉球からしか汗(あせ)をかきません。**

⑦**体が熱くなりすぎるのを防ぐため、舌を出して体を冷やします。**

11. Wolf

ウルフ

······《Dog Family》

Life-span : 5~6 years.
Main foods: Mammals, small animals and so on.

① Wolves inhabit the Eurasian Continent and the North American
オオカミ ~に生息する ユーラシア大陸 北アメリカ大陸
ウルヴズ

Continent.

② The Ezo wolf and the Japanese wolf once inhabited Japan too,
エゾオオカミ ニホンオオカミ かつて 日本

but died out.
絶滅した

③ Wolves act in packs of *¹7 ~ 13 members centered on a male
行動する 群れ 仲間 ~が中心とされる オス

leader and females.
リーダー メス

④ By looking up and howling, wolves contact far pack members
見上げること 遠吠えすること 連絡をとる 遠くの

and tell other wolf packs where they are.
伝える 他の 自分たちの居場所(←自分たちがどこにいるか)

⑤ While playing, a wolf's strength becomes clear and the ranking
~する間に 遊ぶこと 強さ ~になる 明らかな 順位

of the pack is decided.
決められる

⑥ Caught prey is first eaten by the male leader and females *²and
捕らえられた 獲物 まず 食べられる

then in order from the strongest.
次に 順番に 最も強い

*¹7 ~ 13 members：seven to thirteen members
*²and then のあとに eaten が省略されている。

和訳

11 オオカミ │《イヌ科》

寿命：5〜6年。
主食：哺乳類、小動物など。

①オオカミは、ユーラシア大陸や北アメリカ大陸に生息しています。

②日本にも、かつてエゾオオカミとニホンオオカミが生息していましたが、絶滅しました。

③オオカミは、オスのリーダーとメスを中心とした、7〜13頭の群れで行動します。

④上を向いて遠吠えをすることで、遠くの仲間と連絡をとったり、別の群れに自分たちの居場所を知らせたりします。

⑤オオカミは、遊びの中で力の強さが明らかになり、群れの中での順位が決まります。

⑥捕らえた獲物は、まずオスのリーダーとメスが食べ、そのあとは強いものから順に食べていきます。

12. Tanuki(Japanese Raccoon Dog) ····⟨Dog Family⟩

タヌキ　　ジャパニーズ　　ラクーン　ドッグ

Life-span : 6~8 years.
Main foods : insects, small animals, *fruit and so on.

① Tanuki are thought to be the most primitive animals of the dog
タヌキ　　　〜と考えられる　　　　　　　　　最も　　原始的な　　動物　　　　　イヌ科

family and inhabit Japan, the Korean peninsula and China.
　　　　　　　　〜に生息する　日本　　　朝鮮半島　　　　　　　　中国

② Ezo tanuki living in Hokkaido are larger than Hondo tanuki and
エゾタヌキ　　すむ　　　　　　　　　　　　〜より大きい　　ホンドタヌキ

are featured by long hair.
特徴づけられる　　　長い　毛

③ Even in cities such as Tokyo we can see wild tanuki living
〜でさえ　都会　〜などの　東京　　　見ることができる　野生の

around green areas along railroad tracks and drain ditches.
〜のまわりに　緑の　地域　〜に沿って　線路(←鉄道の軌道)　　排水溝

④ Tanuki are omnivorous and eat insects, fruit and so on.
　　　　　　　雑食性の　　　　　　　昆虫　　果実　　など

⑤ A male and female couple or a few family members live
オス　　　メス　　夫婦　　　少数の　家族　　構成員　　暮らす

together in the forest or in burrows.
いっしょに　　　林　　　巣穴

⑥ At fixed places outside their burrows, tanuki will defecate and
決められた　場所　外で　　　　　　　　　　　　　　　　ふんをする

mark their territory.
示す　　　なわばり

⑦ Tanuki pretend to be dead and don't move when they are
ふりをする　　死んでいる　　　　　動く　　〜とき

surprised.
驚いた

⑧ This is said to be the origin of "Tanuki's falling asleep" in
〜といわれる　　　　　起源　　　　　　　眠りに落ちること

Japanese.

*fruit：基本的には単数形で使うことが多く、具体的な種類を表わすときのみ fruits と複数形にする。

36

和訳 ✏

12 **タヌキ** |《イヌ科》

寿命：6〜8年。
主食：昆虫、小動物、果実など。

①タヌキは、イヌ科の動物の中で最も原始的な種と考えられ、日本や朝鮮半島、中国に生息しています。

②北海道にすむエゾタヌキは、ホンドタヌキよりもひとまわり大きく、毛が長いのが特徴です。

③東京などの都会でも、線路や排水溝を通って緑地を中心に生活する野生のタヌキを見ることができます。

④タヌキは雑食で、昆虫や果実などを食べます。

⑤オスとメスの夫婦または数頭の家族で、林の中や巣穴で暮らします。

⑥巣穴の外の決まった場所にふんをして、なわばりを示します。

⑦**タヌキはびっくりすると動かないで死んだふりをします。**

⑧**これが日本語の「タヌキ寝入り」の語源といわれています。**

13. Fox
フォックス

······《Dog Family》

Life-span : 5~10 years.
Main foods : Small animals and so on.

① Foxes seen in Japan are members of red foxes and the ones
キツネ　見られる　日本　　　　　仲間　　　アカギツネ　　　　キツネ(代用語)

living in Hokkaido are called northern foxes and the ones living
すむ　北海道　　〜と呼ばれる　キタキツネ

in Honshu, Shikoku, and Kyushu are called Hondo foxes.
本州　　四国　　　　九州　　　　　　ホンドキツネ

② Red foxes inhabit every part of the world including Asia,
アカギツネ　〜に生息する　　部分　　世界　〜を含む　アジア

Europe, North Africa, North America and so on.
ヨーロッパ　北アフリカ　北アメリカ　　　など

③ When foxes attack their favorite prey, mice, they kick off the
〜するとき　襲う　　大好きな　獲物　ネズミ　　　蹴飛ばす

ground with their back legs one meter or over and jump up from
地面　　〜で　　後ろあし　1メートル　〜を超えて　飛びはねる　〜から

their front legs.
前あし

④ Foxes hunt alone and will dig a hole and save extra prey.
狩りをする　単独で　〜することがある　掘る　穴　　ためておく　余分な

⑤ Red foxes give birth from March to April and the *young are
出産する　　3月　　4月　　　　　子

raised on the prey caught by the parents.
〜で育つ　　　つかまえられる　親

⑥ In the fall of the birth year, the parents will bite and strongly
秋　　　生まれた年　　　　　　　　　かみつく　強く

attack their young to make them live by themselves.
〜を生きるようにさせる　　独力で

*young : 一般的には「若い」という形容詞だが、名詞として集合的に動物・鳥などの「子ども」の意で使われる。

和訳

13 キツネ | 《イヌ科》

寿命：5〜10年。
主食：小動物など。

①日本で見られるキツネはアカギツネの仲間で、北海道にすむものをキタキツネ、本州、四国、九州にすむものをホンドキツネといいます。

②アカギツネは、アジア、ヨーロッパ、北アフリカ、北アメリカなど世界各地に生息しています。

③キツネは好物のネズミを襲うとき、後ろあしで地面を蹴って1m以上飛び上がり、前あしから飛びかかります。

④狩りは単独で行ない、獲物があまると穴を掘ってためておきます。

⑤アカギツネは3月から4月にかけて出産し、子どもは親が捕ってきた獲物を食べて育ちます。

⑥生まれた年の秋になると、親が子どもにかみつくなど、激しく攻撃し、ひとり立ちをさせます。

14. **Bear**

《**Bear Family**》

ベア

Life-span : 20~30 years.
Main foods : Tree nuts, fish and so on.

① Bears inhabit every part of the world except the African
クマ　　〜に生息する　　　　　部分　　　　世界　　　〜を除いて

Continent.
アフリカ大陸

② In general, bears do many things either alone or in families and
一般的に　　　　　　　　　　　　　〜かそれとも… 単独で　　家族

eat both plants and meat such as fruit, fish and so on.
食べる 〜と…の両方 植物　　　肉　　〜のような 果実　魚　　など

③ Bears may attack if they are surprised to meet a person
〜する場合がある 攻撃する 〜なら　　　驚く　　　　　　　　　人

suddenly.
突然

④ Sharp claws and front paws longer than 6 centimeters help
鋭い　爪　　　　前あし　　〜より長い　　　　　センチメートル　…に役立つ
　　　クローズ　　　　　　ポウズ

bears to climb trees and look for food.
　　　　登る　木　　　　探す　　食べ物

⑤ Bears can stand on their rear 2 legs and walk in a characteristic
　　　　立つ　　　　　　後ろの　あし　　歩く　　　　独特の

way with the bottom of their paws completely on the ground.
方法　〜の状態で　裏　　　　　あし　　完全に　　　　　地面

⑥ Bear's sense of smell is especially good and they can smell
　　　嗅覚(←においの感覚)　　特に　すぐれた　　　　〜のにおいをかぐ

things several kilometers away.
　　　数キロメートル　　離れて

⑦ In fall, to prepare for winter when food becomes hard to find,
秋　　〜に備える　　冬　　〜のとき 〜になる 難しい 見つける

bears eat a lot and save nutrition.
　　　たくさん　蓄える 栄養

⑧ In winter, bears don't eat anything and hibernate inside dens in
　　　　　　　何も〜ない　　　　　冬眠する 〜の中で 巣穴
　　　　　　　　　　　　　　　　　　ハイバネイト

the roots of trees or cracks in the rocks and wait for spring.
根元　　　　割れめ　　　岩　　　〜を待つ　春

和訳 📌

14 クマ │《クマ科》

寿命:20〜30年。
主食:木の実、魚など。

①クマは、アフリカ大陸以外の世界各地に生息しています。

②一般的に、クマは家族か単独で行動するものが多く、果実や魚などを食べる雑食性です。

③突然人と出くわして驚き、攻撃をしかけてくることもあります。

④前あしの6cm以上もある鋭い爪は、木を登ったり，食べ物を探したりするのに役立ちます。

⑤後ろあし2本で立つこともでき、あしの裏全体を地面につけて歩く独特の歩き方をします。

⑥嗅覚は特にすぐれていて、数キロ先にあるもののにおいをかぐことができます。

⑦秋になると、食べ物が少なくなる冬に備えて、たくさん食べて栄養を蓄えます。

⑧冬になると、木の根元の穴や岩の割れめにつくった巣の中で何も食べず冬眠し、春を待ちます。

15. Polar Bear
ポウラー　ベア

……《Bear Family》

Life-span : 20~30 years.
Main foods : Seals and so on.

① Polar bears inhabit the areas with pack ice along the Arctic
　ホッキョクグマ　～に生息する　地域　海面に浮かぶ氷の塊　～に沿って　北極海

Ocean coast.
　　岸

② Polar bears are the largest meat eating animals on earth and
　　　　　　　　　最も大きい　肉食の　　　動物　　地球上で

their body length is 180 ～ 250 centimeters.
　　体長　　　　　　　　　　　　　　　センチメートル

③ Polar bears are good swimmers and they can keep on
　　　　　　　　上手な　泳ぎ手　　　　　　　　　　　　～し続ける

swimming for hours.
泳ぐこと　何時間も

④ Polar bears catch fish and use the floating ice to hide and
　　　　　　つかまえる　魚　　　使う　　　浮いている氷　　隠れる

attack and eat seals.
襲う　　　食べる　アザラシ

⑤ Because polar bears have a lot of hair growing on the bottom
　～なので　　　　　　　　　　　　　毛　生える　　　　裏

of their paws, the cold is difficult to feel and it is hard to slip even
　　あし　　冷たさ　難しい　　感じる　　　　　　　滑る　～でさえ

on the ice.

⑥ Polar bear hair looks white, but it is clear rather than white.
　　　　　　　　～に見える　　　　　　透明な　～よりはむしろ

⑦ Also, the inside of the hair is hollow and the air inside the hair
　また　　内部　　　　　　空洞の　　　　空気　～の内部に

covers the bear's body and protects it from the cold.
～をおおう　　体　　　～を保護する　～から

42

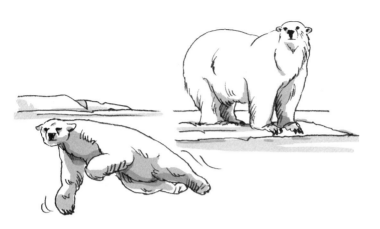

和訳

15 ホッキョクグマ ｜《クマ科》

寿命：20〜30年。
主食：アザラシなど。

①ホッキョクグマは、北極海沿岸の流氷のある地域に生息しています。

②地上最大の肉食動物で、体長は 180〜250cm もあります。

③泳ぎがうまく、何時間も泳ぎ続けることができます。

④魚を捕ったり、浮いた氷を使って、隠れながらアザラシを襲って食べます。

⑤ホッキョクグマのあしの裏にはたくさんの毛が生えているため、冷たさが伝わりにくく、氷の上でも滑りにくくなっています。

⑥ホッキョクグマの毛は白色に見えますが、白ではなく透明になっています。

⑦また、毛の中は空洞で、空洞の中にたまった空気が体を包んで、寒さから身を守っています。

16. Panda
パンダ

……《**Bear Family**》

Life-span : 15~30 years.
Main foods : Bamboo, bamboo shoots, small animals and so on.

① Pandas inhabit bamboo forests in China's high mountain.
パンダ ～に生息する 竹林 中国 高い 山

② Pandas don't have fixed dens, live life alone and are active
固定された 巣 生活する 単独で 活動的な

mainly in the morning and evening.
主に 朝 夕方

③ Pandas eat mostly bamboo, but they are omnivorous, eating
食べる 主に 竹 雑食性の

fish, insects, fruit and so on.
魚 昆虫 果実 など

④ Although it is rare in the bear family, pandas can grab bamboo
～だが 珍しい クマ科 つかむ

with the 5 fingers of their front paws and 1 convex part.
～で 指 前あし ボウズ 突起部

⑤ The body weight of newborn panda babies is just 100 ～ 200
体重 生まれたばかりの 赤ちゃん たった～だけ

grams and they have little hair.
グラム ほとんど～ない 毛

⑥ About 1 month after birth, black and white hair like the parent
約 ～のあとで 誕生 ～のような 親

grows.
生える

⑦ There are a few wild pandas and there are facilities in China
～がいる 少し 野生の 施設

for breeding and protection.
繁殖 保護

和訳

16 パンダ │《クマ科》

寿命：15〜30年。
主食：竹、タケノコ、小動物など。

①パンダは、中国の高い山の竹林に生息しています。

②決まった巣をもたず、単独で生活し、主に朝と夕方に活動します。

③主に竹を食べますが、魚や昆虫、果実なども食べる雑食性です。

④クマの仲間には珍しく、前あしの5本の指と一つの出っ張りで
竹をつかむことができます。

⑤生まれたばかりのパンダの赤ちゃんの体重は、わずか100〜
200gしかなく、毛もほとんどありません。

⑥**生まれて1カ月ぐらいで、親と似た白黒の毛が生えてきます。**

⑦野生のパンダは数が少なく、中国には繁殖や保護のための施設
があります。

17. Lesser Panda ……《Lesser Panda Family》

レッサー　パンダ

Life-span : 8~15 years.
Main foods : Bamboo, bamboo shoots, tree nuts, small animals and so on.

① Lesser pandas inhabit forests at an altitude of *¹2,200 to
レッサーパンダ　　　　～に生息する　森　　　　　　標高

*¹4,800 meters in the southeastern part of the Himalayas.
メートル　　　　　　南東の　　　　部分　　　ヒマラヤ山脈

② Lesser pandas live alone and eat mostly bamboo leaves and
　　　　　　　　　　生活する 単独で　　　食べる 主に　竹　　　葉

bamboo shoots.
タケノコ(←竹の若枝)

③ Lesser Pandas are active at night and for the most part of the
　　　　　　　　　　活動的な　　夜　　　　　　　　ほとんどの

day are resting in the trees.
日中　休んでいる　　　　木

④ The body of lesser pandas is brown but the color of their
　　体　　　　　　　　　　　茶色　　　　　　色

*²stomach is black and when they are in the trees they are
おなか　　　　　　　　　～とき

difficult to see by enemies from the ground.
難しい　　見える　敵　　　　　地面

⑤ When walking, just like other bears, lesser pandas walk with
　　　　　歩く　ちょうど ～のように 他の　クマ　　　　　　　　～で
　　　　　　　　　　ポーズ

the bottom of their paws completely on the ground.
裏　　　　　　あし　完全に　　　地面

⑥ Originally, when speaking of "panda" we were talking about
もとは　　　　　～のことを話す　パンダ　　話していた　　～について

lesser panda.

⑦ Later, however, giant pandas became more well known and to
のちに　しかし　ジャイアントパンダ　～になった より　よく知られた

tell them apart they began to be called lesser pandas.
見分ける　　　　　　　始めた　　　　～と呼ばれる

*¹2,200 : two thousand two hundred / 4,800 : four thousand eight hundred
*²stomach : 「胃」の他に「腹部」の意味がある。

46

和訳

17　レッサーパンダ｜《レッサーパンダ科》

寿命：8〜15年。
主食：竹、タケノコ、木の実、小動物など。

①レッサーパンダは、ヒマラヤ山脈南東部の標高2,200〜4,800m
の森林に生息しています。

②単独で生活し、主に竹の葉やタケノコを食べます。

③夜行性で、1日の大半は木の上で休んでいます。

④レッサーパンダの体は茶色ですが、おなかの色は黒く、木の上
にいるとき地上の敵から目立ちにくくなっています。

⑤歩くときはクマと同じように、あしの裏全体を地面につけて歩
きます。

⑥もともと「パンダ」といえば、レッサーパンダのことを指して
いました。

⑦しかしその後、ジャイアントパンダが広く知られるようになり、
区別するために、レッサーパンダと呼ばれるようになりました。

18. Raccoon ......《Raccoon Family》
ラクーン

Life-span : About 10 years.
Main foods : Fish, shellfish, frogs, shrimps and so on.

① Raccoons inhabit North America and Central America.
　アライグマ　　　～に生息する　北アメリカ　　　　　中央アメリカ

② Active at night, raccoons live in waterside forests and bushes
　活動的な　　夜　　　　　　　暮らす　水辺の　　森林　　　茂み

and eat frogs, fish and so on.
　食べる カエル　魚　　など

③ Raccoons are omnivorous and eat not only small animals but
　　　　　　　雑食性の　　　　　　　～だけでなく…も 小さい　動物

also fruit and so on.
　　　　果実

④ Raccoons are called *araiguma* in Japanese because the behavior
　　　　　　　～と呼ばれる　　　　　　　　　　　～なので　　　行動

of putting their food in water looks like they are washing the
　～の中に入れること　食べ物　　水　　　～のように見える　　洗っている

food.

⑤ It is said that this behavior is washing the poison from
　　～といわれている　　　　　　　　　　　　　　毒

poisonous prey.
　有毒な　　獲物

⑥ In Japan, it is inhabited by raccoons which were once kept as
　日本　　　　　　　　　　　　　　　　　　　　　　　　かつて　飼育された ～として

pets and have returned to the wild.
　ペット　　　～に戻された　　　　野生の状態

⑦ Raccoons have a charming face but their personality is like a
　　　　　　　　　　　魅力的な　顔　　　　　性格　　　　　　～のような

rascal.
ならず者

⑧ Because they eat native Japanese creatures and change the
　　　　　　　　　　　土着の　　　　　　生き物　　　　　変える

local ecosystem, raccoons have become a problem.
その土地の 生態系　　　　　　　　～になっている　　問題

48

和訳

18 アライグマ |《アライグマ科》

寿命：約10年。
主食：魚、貝、カエル、エビなど。

①アライグマは、北アメリカや中央アメリカに生息しています。
②夜行性で、水辺の森林や茂みにすみ、カエルや魚などを捕って食べます。
③小動物だけでなく、果実なども食べる雑食性です。
④食べ物を水につける行動が、食べ物を洗っているように見えることから、日本語でアライグマと呼ばれます。
⑤**この行動は、毒のある獲物を洗うことで食べ物の毒を落としているといわれています。**
⑥日本では、かつてペットとして飼われていたアライグマが野生化したものが生息しています。
⑦愛嬌のある顔をしていますが、性格は凶暴です。
⑧日本に昔からいる生き物を食べ、生態系が変化するため、問題となっています。

Weasel
ウィーズル

《Weasel Family》

Life-span : 1～3 years.
Main foods : Mice, fish, lizards, frogs, insects and so on.

① Weasels inhabit every continent on earth except Antarctica and
イタチ　　　〜に生息する　　　　大陸　　　　　地球　　　〜を除いて　南極

the Australian continent.
オーストラリアの

② Weasels live near water and in grasslands and are nocturnal
暮らす　〜の近くで　水　　　　　草原　　　　　　　　　夜行性の

and very active at night.
活動的な　　夜

③ Weasels move quickly, swim well, and catch and eat small
動く　　素早く　泳ぐ　上手に　　つかまえる　食べる　小動物

animals, fish and so on.
魚　　など

④ In summer, weasels are covered with a brown back and white
夏　　　　　　　　　　〜を…でおおわれる　　茶色い　背中

stomach "summer coat".
おなか　　　夏毛

⑤ When it becomes winter, except for the black tip of their tail,
〜するとき　〜になる　冬　　　〜という点以外は　　先端　　　尾

their hair grows and becomes a pure white "winter coat".
毛　　生える　　　　　　　澄んだ　　冬毛

⑥ The pure white body of winter becomes a protective color, and
体　　　　　　　　　　保護色

it becomes difficult to see in areas with much snow.
難しい　　　見える　地域　〜がある　多くの　雪

⑦ In Japan, the Japanese stoat which is a member of the weasel
　　　　　　　　　　　　　オコジョ　　　　仲間　　　　　イタチ科
　　　　　　　　　　　　ストウト

family, inhabits the cold areas of Hokkaido and the northern part
寒い　　　　北海道　　　　　　　北部の　　地域

of Honshu.
本州

50

和訳

19 イタチ｜《イタチ科》

寿命：1～3年。
主食：ネズミ、魚、トカゲ、カエル、昆虫など。

①イタチは、地球上の、南極大陸とオーストラリア大陸を除く、
すべての大陸に生息しています。
②水辺や草地にすみ、夜になると盛んに活動する夜行性です。
③動きがすばやく、泳ぎも上手で、小動物や魚などを捕らえて食
べます。
④夏は背中が茶色で、おなかが白い「夏毛」でおおわれています。
⑤冬になると、黒いしっぽの先以外は真っ白な「冬毛」に生え変
わります。
⑥冬の真っ白な体は、保護色となり、雪の多い地域で目立ちにく
くなります。
⑦日本では、北海道や本州の北部の寒い地域に、イタチの仲間で
あるオコジョが生息しています。

20. **Skunk**
スカンク

……《Weasel Family》

Life-span : About 5 years.
Main foods : Small animals, fruit and so on.

① Skunks inhabit North and South America.
　スカンク　〜に生息する　南北アメリカ

② Skunks are omnivorous and eat mice, bird eggs, fruit and so on.
　　　　　　雑食性の　　　　　　ネズミ　鳥の卵　　果実　　など

③ When attacked by enemies, skunks attack back by spraying a
　〜とき　攻撃される　　敵　　　　　　　攻撃し返す　　　噴霧すること

stinky liquid from a scent gland next to their anus.
くさい　液体　　　　　臭腺　　　〜の隣に　　　肛門
　　　　　　　　　　　　　　　　　　　　　　エイナス

④ The sprayed liquid of the skunk has the power to cause
　　　　　　　　　　　　　　　　　　　　　　　　　力　　〜を引き起こす

temporary blindness when touching the eyes.
一時的な　失明　　　　　　触れる　　　目

⑤ If they feel in danger, skunks warn the enemy by raising their
　〜なら　感じる 危険な状態にあって　警告する　　　　　　　　上げること

tail and showing their anus.
尾　　　見せること

⑥ With only this warning, most animals run away from skunks.
　〜をもって ただ〜だけ　警告　　ほとんどの 動物　〜から逃げ出す

⑦ The spotted skunk warns by doing a handstand when attacked
　　　マダラスカンク　　　　　　　　　　逆立ち

by enemies.

和訳📌

20 スカンク ｜《イタチ科》

寿命：約5年。
主食：小動物、果実など。

①スカンクは、北アメリカや南アメリカに生息しています。

②ネズミや鳥の卵、果実などを食べる雑食性です。

③敵に襲われると、お尻の穴の横にある臭腺からくさい液を飛ばし攻撃します。

④スカンクの出す液は、目に触れるとしばらくの間，目が見えなくなるほど強力です。

⑤スカンクは、身の危険を感じると、しっぽを上げてお尻の穴を敵に見せて警告します。

⑥この警告だけでほとんどの動物はスカンクから離れていきます。

⑦マダラスカンクは敵に襲われると逆立ちをして警告します。

21. River Otter ·····《Weasel Family》
リヴァー　　アター

Life-span : About 12 years.
Main foods : Sea food.

① River otters inhabit the waterside of rivers, lakes and so on
カワウソ　　～に生息する　　水辺　　　　川　　湖　　など

around the world, living life both on land and underwater.
世界中で　　　　　　暮らす　一生　～と一の頃とも 陸上で　　　水中で

② *Active at night, river otters spend daytime in caves, thickets of
活動的な　夜　　　　　　　　　　費やす 昼間　　　洞穴　　茂み

trees and so on.
木

③ River otters have a web between their toes and are good at
水かき　～の間に　　　あしの先　　　～が得意である

swimming.
泳ぐこと

④ River otters catch fish, shrimps, crabs and so on in the water
つかまえて 魚　エビ　　カニ　　　　　　　　　水

and eat them.
食べる

⑤ The smallest of the otters, Asian small-clawed otters live
最も小さい　　　カワウソ コツメカワウソ　　　　暮らす

making small groups and communicate with voice and smell.
～をつくって 小さい 群れ　　連絡をとる　　　～を使って 声　　におい

⑥ In the past, the Japanese river otter inhabited a wide range of
昔は　　　　　　ニホンカワウソ　　　　　　広い 範囲

Japan from Hokkaido to Kyushu.
日本　　北海道から九州まで

⑦ However, the number was reduced because of over-hunting
しかし　　　数　　減らされた　　～のために　乱獲

and in 2012 it was declared as extinct species.
宣言された　～として 絶滅した　種

*Active at night, : They are active at night, and を省略している。

和訳

21 カワウソ ｜《イタチ科》

寿命：約12年。
主食：魚介類。

①カワウソは、世界各地の川や湖などの水辺に生息し、陸と水中
の両方で生活しています。

②夜行性で、昼間は岩穴や木の茂みなどで過ごしています。

③あしの指の間に水かきがあり、泳ぎが得意です。

④水中の魚やエビ、カニなどを捕って食べます。

⑤カワウソの中で一番小さいコツメカワウソは、小さな群れをつ
くって生活し、声とにおいでコミュニケーションをとります。

⑥昔は、日本にも北海道から九州まで広い範囲にニホンカワウソ
が生息していました。

⑦しかし、乱獲によって数が減り、2012 年に絶滅種に指定されま
した。

22. Sea Otter

スィー　アター

······《Weasel Family》

Life-span : 10〜15 years.(Male)
15〜20 years.(Female)
Main foods : Shellfish and so on.

① Sea otters inhabit the coastline of Hokkaido and northern
　ラッコ　　　　〜に生息する　海岸地帯　　　北海道　　　　　　　北部の
North America.
北アメリカ

② Sea otters use a favorite stone to smash shellfish and sea
　　　　　　　　使う　お気に入りの　石　　粉々に砕く　貝　　　　ウニ
urchin shells and eat.
アーチン
　　　　殻　　　食べる

③ Sea otters spend most of their time on the sea and even give
　　　　　　　　過ごす　大部分　　　　時間　　　　海　　　　　〜でさえ
birth on the sea.
出産する

④ Mothers raise and let their newborn pups drink milk while
　母親　　育てる　〜させる　生まれたばかりの　子　飲む　乳　〜の間に
　　　　　　　　　　　　　　　　　　　　　　　　　　パプス
riding on their stomachs.
乗っている　　　　おなか

⑤ Sea otters wrap seaweed, such as kelp, growing from the
　　　　　　　巻きつける　海藻　　〜などの　コンブ　育つ
bottom of the sea around their bodies, so they are not washed
底　　　　　　　　〜の周囲に　　体　　　　　　押し流されない
away by the tide while sleeping on the sea.
　　　　潮　　　　　眠っている

⑥ Sea otters have 2 layers of hair, the upper hair repels water
　　　　　　　　　　　層　　毛　　　　上の　　　　はじく　水
and the lower hair stores air.
　　　　下の　　　蓄える　空気

⑦ Because of this, their bodies can float on the water forever
　〜のために　　　　　　　　　　　　浮く　　　　　　　ずっと
without getting cold.
〜なしで　〜になること　冷たい

56

和訳

22 ラッコ｜《イタチ科》

寿命：10〜15年（オス）。
　　　15〜20年（メス）。
主食：貝など。

①ラッコは、北海道や北アメリカ北部の海岸沿いに生息しています。

②気に入った石を使い、貝やウニの殻を叩き割って食べます。

③ほとんどの時間を海の上で過ごし、出産も海の上で行ないます。

④母親は、生まれたばかりの子どもをおなかの上に乗せ、乳を飲ませて育てます。

⑤**ラッコは、海底から生えるコンブなどの海藻を体に巻きつけ、海上で寝ている間に潮に流されないようにしています。**

⑥ラッコの毛は2層になっていて、上の毛は水をはじき、下の毛は空気を溜め込んでいます。

⑦このため、体が冷えることなく、ずっと水面に浮いていることができます。

Life-span : About 30 years.
Main foods : Sea food.

① Seals inhabit the seas of cold areas.
アザラシ〜に生息する　海　寒い　地域

② Seal's rear legs look like fins and they live swimming and
後ろの　あし　〜のように見える　ひれ　暮らす　泳いで

diving in the water and eating underwater living things.
もぐって　水　食べて　水中の　生き物

③ Although seals look a lot like sea lions, seals don't have the
〜だが　よく　アシカ

earlobes that sea lions have and only a small hole is open.
耳たぶ　ただ〜だけ　小さい　穴　開いている

④ Also, seals can't walk like sea lions do.
また　歩く

⑤ Seal's front legs have sharp claws but they can't support its
前の　鋭い　クローズ　爪　支える

body, so on land seals wriggle their bodies and move by crawling.
体　陸上で　くねらせる　移動する　はうこと

⑥ Seal babies, or pups, born on drift ice are white in color and
赤ちゃん　パプス　子ども　生まれる　流氷　色

are difficult to see by enemies.
難しい　見つかる　敵

⑦ After being born, in the case of spotted seals, the white hair
〜のあと　〜の場合　ゴマフアザラシ　毛

falls out in 4 to 5 weeks and they become the same spotted
抜け落ちる　週　〜になる　〜と同じ　まだらの

pattern as adults.
模様　大人

和訳

23 アザラシ │《アザラシ科》

寿命：約30年。
主食：魚介類。

①アザラシは、寒い地域の海に生息しています。

②後ろあしはひれのようになっていて、水の中を泳いだり、もぐったりして、水中の生き物を食べて暮らしています。

③アシカとよく似ていますが、アシカにある耳たぶはアザラシにはなく、小さな穴が開いているだけです。

④また、アザラシはアシカのように歩くことはできません。

⑤アザラシの前あしには鋭い爪がありますが、体を支えることができないので、陸上では体をくねらせ、はって移動します。

⑥流氷の上で生まれるアザラシの子どもは、敵に見つかりにくいように白色をしています。

⑦生まれたあと、ゴマフアザラシでは4～5週間で白い毛は抜け落ちて大人と同じゴマ（まだら）模様になります。

24. Sea Lion ⋯⋯《Sea Lion Family》

スィー　ライアン

Life-span : About 20 years.
Main foods : Fish, squid and so on.

① In the sea lion family, in addition to the California sea lion
アシカ科　　　　　　～に加えて　　　　　　　　カリフォルニアアシカ

which inhabits the coastline of North America and the Galapagos
～に生息する　　海岸地帯　　北アメリカ　　　　　　　　ガラパゴス諸島

Islands, there are Australian sea lions, New Zealand sea lions and
　　　　～がいる　オーストラリアアシカ　　ニュージーランドアシカ　　など

so on.

② Sea lions live by making groups of dozens of females called a
　　　　　暮らす　つくること　群れ　　数十頭　　メス　　　～と呼ばれる

"harem" centering on one male.
ハーレム　～を中心とする　　オス

③ The front and rear legs of sea lions are like fins and they swim
前の　　　後ろの あし　　　　　　　　　　～のような ひれ　　　　　　泳ぐ

by using their front legs.
使うこと

④ Sea lions lift their bodies with their front and rear legs and can
もち上げる　体

walk well by taking turns moving their front legs.
歩く　上手に　交互に～すること　動かす

⑤ Until the beginning of the *1900s, Japanese sea lions inhabited
～まで　始め　　　　　　　　1900 年代　ニホンアシカ

the coastlines all over Japan.
日本中で

⑥ However, they were over-hunted for their fur and oil and their
しかし　　　　　　乱獲された　　　　　　　　毛皮　　油

numbers quickly decreased.
数　　　急激に　減少した

⑦ Sea lions are now designated as an endangered species.
　　　　　　　　　　指定されている　　　　絶滅危惧種

*1900s : nineteen hundreds

和訳

24 アシカ |《アシカ科》
寿命：約20年。
主食：魚、イカなど。

①アシカの仲間には、北アメリカやガラパゴス諸島の海岸沿いに生息するカリフォルニアアシカのほか、オーストラリアアシカやニュージーランドアシカなどがいます。

②アシカは、一頭のオスを中心に、数十頭のメスでハーレムと呼ばれる群れをつくって暮らします。

③アシカの前あしと後ろあしはひれのようになっていて、前あしを使って泳ぎます。

④**前あしと後ろあしで体をもち上げ、前あしを交互に出して上手に歩くことができます。**

⑤1900年代の始めまで日本各地の海岸にはニホンアシカが生息していました。

⑥しかし、毛皮や油をとるために乱獲され、急激に数が減少しました。

⑦現在は、絶滅危惧種に指定されています。

Don't bears in zoos spend the winter in a sleeping state?
動物園のクマは冬眠しない？

① Wild bears spend the time in a sleeping state when it becomes winter. ②When the cold severe winter comes, there is a shortage of food. ③ For this reason, so as not to waste physical strength, bears eat a lot of food in fall and stay inside their dens for the winter. ④ However, in zoos the temperature is controlled and food is given at decided times. ⑤ Bears kept in zoos do not spend the winter in a sleeping state because there is no need to do it.

①野生のクマは冬になると冬眠をします。②寒さが厳しい冬になると、食料が不足します。③このため、体力を消耗しないように、秋にたくさん食料を食べ、冬の間は巣にこもるのです。④しかし、動物園では、温度が管理されており、えさも決まった時間に与えられます。⑤**冬眠をする必要がないため、動物園で飼育されているクマは冬眠をしません。**

Chapter 3
Mammals - Cetartiodactyla

第3章
哺乳類の動物−クジラ偶蹄目

キャメル

Life-span : 30~40 years.
Main foods : Grass and so on.

① In camels, there are one-humped camels Arabian camels, and
ラクダ　　　　　　～がいる　　一つのこぶのある　　　　　　　　ヒトコブラクダ

two-humped camels, Bactrian camels.
フタコブラクダ

② Most camels are kept as domestic animals and used to
ほとんどの　　　　飼われている　～として　家畜　　　　　　　　　　使われる

transport goods and people.
運ぶ　　　　荷物　　　人

③ There are also wild Bactrian camels and several hundred
　　　　　　～もまた　野生の　　　　　　　　　　　　　数百頭

inhabit the deserts of Central Asia.
～に生息する　　砂漠　　　中央アジア

④ The body of the camel is suitable for the desert.
　　体　　　　　　　　　　～に適した

⑤ Because they have nostrils which can close and long eyelashes,
～なので　　　　　　鼻孔　　　　　　　閉じる　　　長い　　まつ毛

sand is prevented from getting into their noses and eyes.
砂　　防止する　　　　～に入り込むこと　　　鼻　　　　目

⑥ Because the width of the foot is wide and the hoof is large, it is
　　　　　　幅　　　あし　広い　　　　　　蹄　　大きい

easy to walk even on the sand.
簡単である　歩く　　～でさえ

⑦ In the humps on their backs, not water but fat is saved, and
　　　こぶ　　　　背中　　～でなく…　水　　　脂肪　蓄えられる

becomes a source of nutrition when there is no food.
～になる　　　源　　　　栄養　　　　～するとき ～がない

和訳

25 ラクダ｜《ラクダ科》

寿命：30〜40年。
主食：草など。

①ラクダには、こぶが一つのヒトコブラクダと、こぶが二つのフタコブラクダがいます。

②ほとんどのラクダは家畜(かちく)として飼われていて、荷物や人を運ぶ交通手段となっています。

③フタコブラクダには野生のものもいて、中央アジアの砂漠で数百頭が生息しています。

④ラクダの体は砂漠に適したつくりになっています。

⑤鼻の穴を閉じることができ、長いまつ毛をもっているので、鼻や目に砂が入るのを防ぐことができます。

⑥あしの幅が広く、蹄(ひづめ)が大きいので、砂の上でも歩きやすくなっています。

⑦背中のこぶには水分ではなく脂肪(しぼう)が蓄(たくわ)えられていて、食べ物がないときの栄養源になります。

Giraffe
ジラフ

Life-span : 10~15 years.
Main foods : Leaves and so on.

① Giraffes inhabit the African savanna.
キリン　　～に生息する　　アフリカの　サバンナ

② Of all current living things, they are the tallest.
～のうちで すべての 現世生物(←現在の生き物)　　　　　最も背が高い

③ Giraffes live in groups of one male and 2~3 females and
　　　　　暮らす　　群れ　　　　　オス　　　　　　メス

young.
子

④ They are characterized by a long neck but the number of bones
　　　特徴づけられる　　　　　長い　首　　　　数　　　　骨

in the neck is seven, the same as humans and so on.
　　　　　　　　　　　　　～と同じ　　人　　など

⑤ Because the length of one bone is long, the neck is long.
　～なので　　長さ

⑥ The tongue is also long and it grabs the branches of tall trees,
　　舌　　　　～もまた　　　　つかむ　　枝　　　　木

takes the leaves and eats them.
とる　　　葉　　　食べる

⑦ The tall giraffes are not good at drinking water.
　　　　　　　　　～が得意でない　飲むこと　水

⑧ Giraffes spread their front legs wide, lower their necks and
　　　広げる　　　前の あし 大きく 低くする

drink water from rivers and pools of water.
　　　　　　　川　　　　　水たまり

⑨ The long neck also becomes a weapon.
　　　　　　　　　～になる　　武器

⑩ Males often fight over females by hitting each other with their
　　　よく 戦う ～をめぐって　打つこと お互い

necks.

⑪ Under Japanese law, you can also keep a giraffe as a pet.
　～のもとで 日本の法律　　　　　飼う　　　～として　ペット

和訳

26 キリン │《キリン科》

寿命：10〜15年。
主食：木の葉など。

①キリンは、アフリカのサバンナに生息しています。

②現世生物（現在生存している生物）のうちで、最も背が高い動物です。

③オス1頭に、2〜3頭のメスと子どもで群れをつくってすんでいます。

④長い首が特徴ですが、首の骨の数は人などと同じ7個です。

⑤1個の骨の長さが長いため、首が長いのです。

⑥舌も長く、高い木の枝にからめ、葉をとって食べます。

⑦**背が高いキリンは、水を飲むのは苦手です。**

⑧**前あしを大きく広げ、首を下げて、川や水たまりの水を飲みます。**

⑨長い首は武器にもなります。

⑩オス同士が、メスをめぐって首を打ち合って戦うこともあります。

⑪日本の法律では、キリンをペットとして飼うこともできます。

27. Wild Boar

……《Boar Family》

Life-span : 5~10 years.
Main foods : Roots of trees, fruit, grass, small animals and so on.

① The boar family inhabits mainly the Eurasian and African
イノシシ科　　　　～に生息する　主に　　　　ユーラシアの　　　アフリカの
continents.
大陸

② In Japan, there are Japanese wild boars and Ryukyu wild boars.
　　　　　～がいる　ニホンイノシシ　　　　　リュウキュウイノシシ

③ Wild boar's legs are short and males have fangs which grow
イノシシ　　あし　　短い　　　オス　　　牙　　　　　成長する
ケイナイン
from their canine teeth.
犬歯

④ Wild boars are omnivorous and eat various things such as tree
　　　　　雑食性の　　　　　さまざまな　　　　～のような　木の根
roots, *fruit and nuts, *grass, insects, earthworms, frogs and so on.
　　　果実　木の実　草　昆虫　　ミミズ　　カエル　など

⑤ Wild boars dig in the ground skillfully with the tip of their
　　　　　掘る　　　地面　　器用に　　　　　　先端
noses and search for food.
鼻　　　～を探す　食べ物

⑥ Wild boars dig a shallow hole in the ground and make a nest
　　　　　　　浅い　穴　　　　　　　　　つくる　巣
by using grass and branches.
使うこと　　　枝

⑦ Usually Japanese wild boars will give birth to 5 or 6 young.
ふつう　　　　　　　　　　生む　　　　子ども

⑧ Newborn wild boar piglets have a striped pattern but it
生まれたばかりの　イノシシの子ども　　　しま模様
disappears in around half a year.
消える　　　　約　　半年

⑨ Wild boars only go straight ahead and can't turn back.
ただ～だけ　まっすぐに　前方に　　　後戻りする

*fruit / grass：集合的意味で用いるときは不可算名詞として扱う。

和訳

27 **イノシシ** ｜《イノシシ科》

寿命：5〜10年。
主食：木の根、果実、草、小動物など。

①イノシシの仲間は、ユーラシア大陸とアフリカ大陸を中心に生息しています。

②日本には、ニホンイノシシとリュウキュウイノシシがいます。

③イノシシのあしは短く、オスには犬歯（けんし）が発達した牙（きば）があります。

④雑食性で、木の根や果実や木の実、草、昆虫、ミミズ、カエルなど、いろいろなものを食べます。

⑤よく動く鼻先で地面を掘り、えさ（さが）を探します。

⑥地面に浅い穴を掘り、草や枝を敷（し）いて巣をつくります。

⑦ニホンイノシシは、ふつう一度に5〜6頭の子どもを生みます。

⑧生まれたばかりの子どもにはしま模様がありますが、半年ほどでなくなります。

⑨**イノシシは直進するのみで、後戻りはできません。**

28. Pig

ピッグ

······《Boar Family》

Life-span : 9~15 years.
Main foods : Feedstuff.

① Pigs are animals *bred from wild boars for use as meat for humans.

② There are differences in body shape and amount of fat depending on the breed.

③ There are more than 300 breeds such as Yorkshire, Landrace, Meishan, and so on.

④ The Yorkshire is a large breed originally from the UK, with good meat quality and is kept widely all over the world.

⑤ The Landrace is a breed originally from Denmark and is a breed which grows quickly and has a high breeding ability.

⑥ Many Landraces are kept in Japan.

⑦ The Meishan is a breed which has been kept in China since long ago, and many piglets are born at one time.

⑧ The Meishan is said to be the model of "Pigsy" in "Journey to the West".

*bred：breed(繁殖させる)の過去分詞形。

70

和訳 📌

28 ブタ ｜《イノシシ科》

寿命：9～15年。
主食：飼料。

①ブタは、人間が肉を利用するためにイノシシを品種改良した動物です。

②品種によって、体形や脂肪の量に違いがあります。

③ヨークシャーやランドレース、メイシャントンなど、300以上の品種があります。

④ヨークシャーは、イギリス原産の大型の品種で、肉質がよく、世界中で広く飼われています。

⑤ランドレースは、デンマーク原産の品種で、成長が速く、繁殖能力が高い品種のブタです。

⑥ランドレースは、日本でも多く飼われています。

⑦メイシャントンは、中国で古くから飼われている品種で、1回に多くの子どもを生みます。

⑧メイシャントンは、「西遊記」の猪八戒のモデルといわれています。

29. **Deer**
ディア

Life-span : 5~20 years.
Main foods : Grass, leaves and so on.

① *¹Deer inhabit various places from forests to grasslands and
　　シカ　　〜に生息する　さまざまな　場所　　　　森林　　　　草原

live by eating plants.
暮らす　食べること　植物

② In most species, only the male has branched antlers.
　　ほとんどの　種　　〜だけ　オス　　　枝分かれした　角

③ Because the antlers are regrown every year, the antlers of the
　　〜なので　　　　　　　　再び生える　毎年

year before are *²shed from the base in spring.
前の年　　　　　落ちる　　　　根元　　春

④ The strength of deer is decided by the size of their antlers.
　　　強さ　　　　　　　決められる　　　大きさ

⑤ Deer with antlers of the same size, clash and fight with the
　　　　　　　　　　　　　同じ　　　　ぶつかる　戦う

antlers.

⑥ The Japanese deer which inhabits Japan lives by gathering in
　　ニホンジカ　　　　　　　　　　　　　　　集まること

groups of several deer.
群れ　　数頭の

⑦ In the breeding season, males set up territory and make a
　　　　繁殖　　季節　　　　　つくる　なわばり　　つくる

harem of 5 or 6 females.
ハーレム　　　　メス

⑧ At this time, males fight over females by clashing antlers.
　このとき　　　　　　〜をめぐって

⑨ The losing deer runs away and escapes.
　　負ける　　　　走り去る　　　逃げる

---

*¹deer：単複同形で、ここでは複数形。
*²shed（角を落とす）：現・過・過分同形で、ここでは過去分詞形。

和訳

29 シカ │ 《シカ科》

寿命：5〜20年。
主食：草、木の葉など。

①シカは、森林から草原まで、さまざまなところに生息し、植物を食べて暮らしています。
②多くの種で、オスだけが枝分かれした角をもちます。
③角は毎年生え変わるため、春には前年に生えていた角が根元からとれます。
④シカは、角の大きさで強さが決まります。
⑤同じくらいの大きさの角のシカは、角をぶつけ合って戦います。
⑥日本に生息するニホンジカは、数頭がまとまって群れをつくって暮らしています。
⑦繁殖の季節になると、オスはなわばりをつくり、5〜6頭のメスとハーレムをつくります。
⑧このとき、オスは角をぶつけ合ってメスを取り合います。
⑨負けたほうのシカは、逃げていきます。

30. Reindeer

《Deer Family》

レインディア

Life-span : 10~15 years.
Main foods : Grass, leaves and so on.

① Reindeer inhabit the Arctic tundra and live life in herds.
　トナカイ　　〜に生息する　　北極圏の　ツンドラ　　　暮らす　　群れ

② In winter, reindeer move south together in search of food.
　　冬　　　　　　　　移動する 南へ　集団で　〜を求めて　　食べ物

③ Because they are covered with thick fur, it can prevent their
　〜なので　　　〜でおおわれている　　厚い　毛皮　　　　〜が…するのを防ぐ

bodies from getting cold even in cold places.
　体　　　　　　冷えること　　〜でさえ　寒い　場所

④ Reindeer are the only member of the deer family whose males
　　　　　　　　　　唯一の　仲間　　　　　シカ科　　　　　オス

and females are animals with antlers.
　　メス　　　　動物　　〜のある 角

⑤ Reindeer find *¹moss and so on buried in the snow by smell,
　　　　　見つける コケ　　　など　埋められた　　雪　　　におい

dig it up with their *²hooves and antlers, and eat.
掘り上げる　　　　　蹄　　　　　　　　食べる

⑥ Reindeer have been kept as livestock from long ago, and milk,
　　　　　飼われてきた　　〜として 家畜　　古くから　　　　乳

meat and leather have been used.
肉　　　　皮　　利用されてきた

⑦ Pulling sleds, reindeer have been used to carry goods, and they
　引いて　そり　　　　　　　　　　　　　　運ぶ　荷物

are known as the animal pulling the sled carrying Santa Claus.
〜として知られている　　　　　　　　　　　　　　　サンタクロース

*¹moss：集合的意味で用いるときは不可算名詞として扱う。
*²hooves：hoof（蹄）の複数形。

74

和訳

30 トナカイ｜《シカ科》

寿命：10〜15年。
主食：草、木の葉など。

①トナカイは、北極圏近くのツンドラ地帯に生息し、群れをつくって生活しています。

②冬になると、えさを求めて南へ集団で移動します。

③厚い毛皮でおおわれているので、寒いところでも体が冷えるのを防ぐことができます。

④シカ科の仲間で唯一、オスもメスも、角をもっている動物です。

⑤雪の下に埋もれたコケなどをにおいで探し出し、蹄や角で掘り出して食べます。

⑥トナカイは、古くから家畜として飼われ、乳や肉、皮が利用されてきました。

⑦そりを引き、荷物を運ぶためにも利用されていて、サンタクロースを乗せたそりを引く動物としても知られています。

31. Cattle

カトゥル

Life-span : 15~20 years.
Main foods : Grass, leaves and so on.

① *1Cattle have large bodies and males and females grow *2horns.
ウシ　　　　大きい　体　　　　　オス　　　メス　　生やす　角

② The horns are not branched and are not regrown every year.
枝分かれした　　　　　　　　再び生える　毎年

③ The stomach of cattle is divided into 4 parts.
胃　　　　　　　　　～に分けられている　部分
ルーミネイション

④ Rumination occurs when food which was eaten once is
はんすう　起こる　～するとき　食べ物　　　食べられた　一度

returned from the stomach to the mouth, chewed again, and then
戻される　　　　　　　　　　　口　　　かまれる　再び　　その後

returned again to the stomach.

⑤ American Bison, also called Buffalo, are considered the symbol
アメリカバイソン　また　～と呼ばれる　バッファロー　考えられている　　シンボル

of the North American prairie.
北アメリカの　　　大草原

⑥ Wild water buffalos will play in the water and mud along the
野生の　スイギュウ　　　　遊ぶ　　　水　　　泥　　～に沿った

waterside.
水辺

⑦ Domesticated cattle are said to be tamed from the now extinct
家畜化された　　　　～といわれる　飼いならされた　　現在　絶滅した

wild Aurochs.
オーロックス

⑧ Japanese Black and Hereford cattle are kept for meat and
黒毛和種　　　　　ヘレフォード　　　　飼われている　肉

Holstein and Jersey are kept for milk.
ホルスタイン　ジャージー　飼われている　乳

*1cattle : 畜牛の総称で複数扱い。ウシを表わす英語は他に cow(メスウシ、乳牛)、bull(去勢されていな
いオスウシ)、ox(去勢されたオスウシ)、calf(子どものウシ)などがある。
*2horn : ウシ、ヤギ、サイなどの角。シカなどの枝角は antler。

和訳

31 ウシ ｜《ウシ科》

寿命：15〜20年。
主食：草、葉など。

①ウシは、体が大きく、オスにもメスにも角が生えています。

②角は枝分かれせず、生えかわることもありません。

③ウシの胃は、四つに分かれています。

④**一度食べたものを胃から口に戻してかみ直し、再び胃に送る「はんすう」を行ないます。**

⑤アメリカバイソンは、バッファローとも呼ばれ、北アメリカの大草原のシンボルとされています。

⑥野生のスイギュウは、水辺で水遊びや泥遊びをします。

⑦家畜化されたウシは、現在は絶滅している野生のオーロックスを飼いならしたものといわれています。

⑧黒毛和種やヘレフォードは食肉用、ホルスタインやジャージーは乳をとるために飼われています。

Gnu

ヌー

Life-span : About 20 years.
Main foods : Grass, leaves and so on.

① Gnu inhabit the African savanna.
　ヌー　〜に生息する　アフリカの　サバンナ

② Both males and females have thick horns.
　〜も…も両方とも　オス　　メス　　　　太い　角

③ Gnu usually live in herds of 5 to 15 heads.
　　　ふつう　暮らす　群れ　　　　　　頭

④ The savanna has a rainy season and a dry season.
　　　　　　　　　　雨期　　　　　　　乾期

⑤ Because the grass that will become food completely dies in the
　〜なので　草　　　　　　　　〜になる　食べ物　完全に　枯れる

dry season, gnu will migrate in search of food.
　　　　　　　　　　移動する　〜を求めて

⑥ At this time, in large herds, tens of thousands will migrate
　このとき　　　　大群　　　　数万頭

hundreds of kilometers or more each way in a great migration.
数百　　　　　キロメートル　　もっと　片道　　　大移動

⑦ Herds of gnu may follow herds of zebra on this migration.
　　　　　　　追うこともある　　　　シマウマ

⑧ This is because the zebra eats the hard part of the grass and
　　　　　　　　　　　　　　食べる　　かたい　部分

the leftover part is eaten by gnu.
　残りの

⑨ Gnu may be targeted as a prey by lions, leopards, hyenas and
　　狙われることがある　〜として　獲物　　ライオン　ヒョウ　　ハイエナ　　など
　　　　　　　　　　　　　　　　　　　　　　　　　レパーズ　ハイイーナズ

so on.

和訳

32 ヌー｜《ウシ科》

寿命：約20年。
主食：草、葉など。

①ヌーは、アフリカのサバンナに生息しています。

②オス、メスともに太い角をもっています。

③ふつう、5〜15頭の群れで生活します。

④サバンナには、雨期と乾期があります。

⑤乾期には食べ物となる草が枯れてしまうため、食べ物を求めて移動します。

⑥このとき、数万頭もの大群で、片道数百 km 以上の大移動をします。

⑦**ヌーの群れは、シマウマの群れを追うように移動することがあります。**

⑧**これは、シマウマが草のかたい部分を食べ、その残った部分をヌーが食べるためです。**

⑨ヌーは、ライオンやヒョウ、ハイエナなどに、獲物として狙われることがあります。

33. Goat

ゴウト

《Cattle Family》

Life-span : 10~15 years.
Main foods : Grass, leaves and so on.

① The goat family have strong bodies and can live in rugged
　　　ヤギ　仲間　　　　丈夫な　体　　　　　　　　生活する　険しい

landforms such as cliffs and in severe climates.
地形　　　〜のような　がけ　　　　厳しい　気候

② They usually have a beard and their tail is short and sticking
　　　ふつう　　　　　あごひげ　　　　　尾　短い　　　　つき出る

upwards.
上向きに

③ Goats are very friendly but they are also sometimes aggressive.
　　　　　とても　人なつっこい　　　　　〜もまた　ときには　攻撃的な

④ The mountain goat which inhabits the northern Rocky
　　　シロイワヤギ　　　　　〜に生息する　　北部の　　ロッキー山脈

Mountains, lives in rocky places.
　　　　　　　　　　岩の多い　場所

⑤ Adult mountain goats rarely fall from the cliffs but young goats
　大人　　　　　　　　めったに〜ない　〜から落ちる　　　　　　若い

or kids sometimes fall from the cliffs.
　子ども

⑥ Domesticated goats are said to be tamed from the bezoar ibex
家畜化された　　　　　〜といわれる　飼いならされた　　　　ベゾーア　アイベックス
　　　　　　　　　　　　　　　　　　　　　　　　　　　　ノヤギ

which has long horns.
　　　　　長い　角

⑦ A breed of goat called the Saanen is kept for its milk.
　品種　　　　　〜と呼ばれる　ザーネン　飼われる　　乳

⑧ The angora goat and the cashmere goat are kept for their hair.
　　　アンゴラヤギ　　　　カシミアヤギ　　　　　　　　　　毛

⑨ High class cloth is made from the high quality hair of the
　高級な　織物　　〜からつくられる　　　　　品質

cashmere goat.

80

和訳

33 ヤギ ｜《ウシ科》

寿命：10〜15年。
主食：草、葉など。

①ヤギの仲間は、丈夫な体をもち、がけなどの険しい地形や気候の厳しいところでも生活することができます。

②ふつう、あごひげがあり、尾は短く上を向いています。

③ヤギはとても人なつっこいですが、攻撃的なところもあります。

④ロッキー山脈北部に生息するシロイワヤギは、岩場で生活しています。

⑤大人のシロイワヤギはがけから落ちることはほとんどありませんが、子どもはがけから落ちることがあります。

⑥家畜のヤギは、長い角をもつノヤギを飼いならしたものといわれています。

⑦ザーネンという品種のヤギは乳をとるために飼われています。

⑧アンゴラヤギやカシミアヤギは毛をとるために飼われています。

⑨カシミアヤギの毛は良質で、高級な織物がつくられます。

34. Serow

Life-span : 10~15 years.
Main foods: Leaves, bark and so on.

① The Japanese serow is a unique species in Japan and is
designated as a special natural treasure.

② They live in the slightly high altitude broadleaf forests of
Honshu, Shikoku, and Kyushu and eat plants and nuts.

③ They are good at climbing rocks and their feet are suitable for
walking on slopes.

④ Therefore, when attacked by enemies, they can scramble up
the rocks and escape.

⑤ Japanese serow usually acts alone and males and females each
have their own territory.

⑥ Only in the breeding season, males and females live together.

⑦ Japanese serow young live for one year with their mothers and
then live life alone.

和訳

34 カモシカ│《ウシ科》

寿命：10〜15年。
主食：木の葉、樹皮など。

①ニホンカモシカは日本固有種で、特別天然記念物に指定されています。

②本州、四国、九州のやや標高の高い広葉樹林が生える林にすみ、草木や木の実を食べます。

③岩登りがうまく、あしは斜面を歩くのに適したつくりになっています。

④そのため、敵に襲われたときは、岩をよじ登って逃げることができます。

⑤ニホンカモシカは、ふつう単独で行動し、オスとメスはそれぞれなわばりをもっています。

⑥繁殖の時期だけ、オスとメスがいっしょに暮らします。

⑦ニホンカモシカの子どもは、1年間は母親と暮らし、その後は単独で生活します。

35. **Sheep** シープ

……《**Cattle Family**》

Life-span : 10~15 years.
Main foods : Grass.

① It is said that the original species of the sheep kept as livestock
~といわれている　原種　　　　　　　　　　　　　ヒツジ　飼われる ~として家畜

is the wild mouflon which lives in the mountainous regions of
野生の ムフロン　　　　暮らす　　　　山地の　　　地帯

Central Asia.
中央アジア

② Sheep are animals which provide necessary *food, clothing and
動物　　　　　提供する　必要な　　食べ物　衣類

shelter for people's lives.
すまい　　　人の暮らし

③ Their hair is made into thread and used as cloth.
毛　　~に加工される　糸 スレッド　使われる　布地

④ Like the yurts seen in Mongolia, large tents can be made with
~のように ゲル ヤーツ 見られる モンゴル 大きい テント

felt made from the hair.
フェルト

⑤ The meat is used for food and the milk is processed into cheese
肉　　　　　　　　　　　乳　~に加工される　　　チーズ

and yogurt, other than for drinking.
ヨーグルト ~の他に　飲むこと

⑥ The intestine is used as the skin of sausages.
腸　　　　　　　　皮　ソーセージ

⑦ Because various breed improvements have been carried out
~なので さまざまな 品種改良　　　行なわれた

depending on the use, there are many breeds.
~によって　用途 ~がある　　品種

⑧ For example, colliedale sheep are often kept in Japan, and it is
たとえば　コリデール　　　　よく 飼われる

a breed whose wool and meat we use.
羊毛

*food, clothing and shelter：日本語では「衣食住」と表現するが、英語ではこの順序になるところが面白い。

和訳

35 ヒツジ｜《ウシ科》

寿命：10～15年。
主食：草。

①家畜としてのヒツジの原種は、中央アジアの山岳地帯にすむ野生のムフロンであるといわれています。

②ヒツジは、人の暮らしに欠かせない衣食住を提供してくれる動物です。

③毛は、糸にして布地として利用されます。

④モンゴルで見られるゲルのように、毛を使ってつくられたフェルトで大きなテントをつくることもできます。

⑤肉は食用として使われ、乳は飲用のほか、チーズやヨーグルトに加工されます。

⑥腸は、ソーセージの皮として利用されます。

⑦用途によってさまざまな品種改良が行なわれたため、ヒツジには多くの品種があります。

⑧たとえば、コリデールは日本で多く飼われており、羊毛と肉の両方が利用される品種です。

36. Hippopotamus ……《Hippopotamus Family》

ヒポポタマス

Life-span : 40~50 years.
Main foods : Grass.

① Hippopotamuses are a large animal next to the elephant on
カバ　　　　　　　　　　大きい　動物　　　〜の次に　　　ゾウ

land, mainly inhabiting Africa.
陸上では　主に　　〜に生息する　アフリカ

② They are often in the water during the day and go up on land
　　　　　よく　　　　水　　〜の間じゅう　日中　　　上がる

at night.
夜

③ On land, they use their lips to pull out the grass and eat.
　　　　　　　　使う　　唇　　引き抜く　　　草　　　食べる

④ Hippopotamus's nostrils face upward, and their nose, eyes, and
　　　　　　　　鼻孔　　向く　上方に　　　　　　鼻　　　目

ears are on the same level.
耳　　　　　　同じ　高さ

⑤ Therefore, when the upper part of their face breaks the water
だから　　　〜のとき　上方の　部分　　　　顔　　水面から出る(←水面を割る)

surface, they can breathe and at the same time know their
　　　　　　　　　　呼吸する　　　同時に　　　　　　　知る

surroundings.
まわりの様子

⑥ From the skin, liquid like red sweat comes out.
　　　　皮膚　　液体　〜のような　汗　　出る

⑦ This liquid helps protect their hairless skin from ultraviolet
　　　　　　〜するのに役立つ　守る　　　　毛が生えていない　　　　　紫外線

rays and bacterial infection.
　　　　　細菌の　　感染

⑧ Males are aggressive and fight other males over territory and
オス　　　攻撃的な　　　戦う　他の　　　　〜をめぐって　なわばり

females.
メス

和訳

36 カバ｜《カバ科》

寿命：40〜50年。
主食：草。

①カバは、陸上ではゾウの次に体の大きい動物で、主にアフリカに生息しています。

②昼は水の中にいることが多く、夜になると陸に上がります。

③陸上では、唇(くちびる)を使って草を引き抜いて食べます。

④カバの鼻の穴は上を向き、鼻、目、耳は横一直線上に並んでいます。

⑤そのため、顔の上部を水面から出すと、息をするのと同時に、まわりの様子を知ることができます。

⑥皮膚からは、赤い汗(あせ)のような液体が出ます。

⑦この液体は、毛が生えていない皮膚を、紫外線や細菌の感染から守るのに役立っています。

⑧オスは攻撃的で、なわばりやメスをめぐって、オス同士が戦います。

37. Whale ウェイル ……《Sperm Whale Family スパーム・Rorqual Whale Family ロークワル》

Life-span : 50~100 years, depending on species over 150 years.
Main foods : Squid, octopuses, fish, shrimps, zooplankton and so on.

① Whales are the most adapted mammals for underwater life.
クジラ　　　　いちばん 適応した　哺乳類　　　　　　水中の　　　　生活

② Because buoyancy works in the water, even though their
～なので 浮力　　はたらく　　水　　　　～だが

bodies are large, whales can inhabit the water.
体　　　大きい　　　　　　　　～に生息する

③ Among them, blue whales are the largest at 200 tons.
～のなかで　シロナガスクジラ　　　　　　　　　　トン

④ Whales swallow seawater including prey of plankton and small
飲み込む　海水　　含む　えさ　プランクトン　小さい

fish, filter out the food, and spit only the seawater out of their
こし取る(→取り分ける)　　吐く ～だけ　　　　　　～の外に

bodies.

⑤ Whales use lungs for breathing.
使う 肺　　呼吸すること

⑥ Whales swim in the ocean from several minutes to one hour
泳ぐ　　　　大洋　　　数分　　　　　　1時間半

and a half, and appear on the surface of the water to breathe.
現れる　　　海面(←水の表面)

⑦ At this time, they breathe out from a blowhole on top of the
このとき　　　息を吐き出す　　　噴気孔　　最上部

head.
頭

⑧ This is called whale spouting.
～と呼ばれる クジラの潮吹き(←クジラが噴き出すこと)

⑨ By spouting, the water vapor warmed in the whale's body and
水蒸気　　あたためられた

the water around the blowhole are blown up like a mist.
～のまわりの　　　　　吹き上げられる ～のように 霧

88

和訳

37 **クジラ** ｜《マッコウクジラ科・ナガスクジラ科》

寿命：50～100年　種によっては150年以上。
主食：イカ、タコ、魚、エビ、動物プランクトンなど。

①クジラは、水中生活に最も適応した哺乳類です。

②水中では浮力がはたらくので、体が大きくても生息できます。

③なかでもシロナガスクジラは最大で、200トンのものがいます。

④えさのプランクトンや小魚を海水ごと飲み込み、食べ物を取り分けて、海水だけを体外に出します。

⑤クジラは、肺呼吸をしています。

⑥数分～1時間半程度海の中を泳ぎ、呼吸をするために海面に姿を現します。

⑦このとき、頭の上の噴気孔から息を吐き出します。

⑧これを、クジラの潮吹きといいます。

⑨**潮吹きによって、体の中であたためられた水蒸気や、噴気孔のまわりの水が霧のように吹き上げられます。**

38. Dolphin ……《Ocean Dolphin Family》
ドルフィン

Life-span : 30 to 60 years.
Main foods : Squid, fish and so on.

① Among the family of toothed whales the small sized ones are
　～のなかで　　仲間　　　ハクジラ類　　　　　小さい　～の大きさの　もの

dolphins.
イルカ

② Dolphins catch fish, squid and so on with developed teeth and
　　　　　　捕まえる　　イカ　　　など　　　　　発達した　　歯

eat.
食べる

③ There is a blowhole for breathing on the dolphin's head.
　～がある　　噴気孔　　呼吸すること　　　　　　　　　頭

④ Although the blowhole is closed so that water does not enter
　～だが　　　　　　閉じられた　～するために　水　　　　　　入る

while they are diving in the ocean, when breathing, dolphins stick
～する間　　潜っている　　海　　　　　　　　　　　　　　　つき出す

it out above the ocean and open the hole.
　　　　～の上に　　　　　　　開く　　穴

⑤ About 5 minutes to 15 minutes, dolphins can swim in the sea
　　　　5〜15分　　　　　　　　　　　　　　泳ぐ　　　　海

without breathing.
～なしで

⑥ Dolphins make large groups and stay and live in certain fixed
　　　　　　　　大きい　群れ　　　とどまる　生活する　ある　一定の

areas of water.
水域

⑦ Dolphins can make sounds like whistles.
　　　　　　　　　　音　　～のような 笛

⑧ Dolphins use sounds to inform them of the distance to, size and
　　　　　使う　　　　～に…を知らせる　　～までの距離　　大きさ

shape of objects, and to communicate with other dolphins.
形　　　物体　　　　　～と連絡をとり合う　　他の

和訳

38 イルカ |《マイルカ科》

寿命：30〜60年。
主食：イカ、魚など。

①歯があるハクジラ類の仲間のうち、小型のものがイルカです。

②イルカは発達した歯で、魚やイカなどをとらえて食べます。

③イルカの頭には呼吸をするための噴気孔があります。

④噴気孔は、海に潜っている間は水が入らないように閉じていますが、呼吸をするときは海の上に出して穴を開きます。

⑤5〜15分程度は、呼吸をせずに海の中を泳ぐことができます。

⑥大きな群れをつくり、ある決まった水域にとどまって生活します。

⑦イルカは笛のような音を出すことができます。

⑧音を使って、物体までの距離や大きさ、形を知らせたり、仲間と交信したりします。

39. Killer Whale ……《Ocean Dolphin Family》
キラー　　ウェイル

Life-span : 30 to 80 years.
Main foods : Seals, sea lions, seabirds, squid, fish, sea turtles and so on.

① In the family of toothed whales, killer whales inhabit the widest
　仲間　　　　　　　　ハクジラ　　　　　　　シャチ　　　　　　　～に生息する　　最も広い

range around the world.
範囲　　　　世界中で

② The fin of male's back can be as high as 2 meters and is helpful
　ひれ　　　オスの　背中　　　　　　　　高い　　　　メートル　　　　　　役に立つ

when making sudden turns in the water.
～するとき　～を行なう　突然の　方向転換　　水

③ Like whales and dolphins, they use lungs for breathing and can
　～のように クジラ　　　イルカ　　　　使う　肺　　呼吸すること

swim in the ocean for about 15 minutes without breathing.
泳ぐ　　　　海　　　　　　　　　　　分　　　～なしで

④ Killer whales hunt in groups called pods made centering on a
　　　　　　　狩りをする 群れ　～と呼ばれる ポッド つくられる ～を中心とする

mother.
母親

⑤ Fish, seals, seabirds such as penguins, and sometimes big
　　　アザラシ 海鳥　～のような ペンギン　　　　ときには

whales are attacked and eaten.
　　　襲われる　　　　食べられる

⑥ Sometimes killer whales do *breaching by jumping above the
　　　　　　　　　　　　　　ブリーチング　　飛び上がること ～の上に

ocean's surface and falling with a splash of water.
　　　　表面　　　　　落ちること　　　しぶき

⑦ It is thought that this is done to signal other killer whales,
　～と考えられている　　　　　行なわれる　合図する　他の

remove parasites attached to their bodies and so on.
取り除く 寄生生物 ～に付着している　体　　～など

*breach : 一般的には「違反する」という意味で使われるが、クジラなどが「水面上に躍り出る」という意
　　　　味もある。

92

和訳

39 シャチ ｜《マイルカ科》

寿命：30〜80年。
主食：アザラシ、アシカ、海鳥、イカ、魚、ウミガメなど。

①シャチはハクジラの仲間の中で、世界中に最も広範囲に生息しています。

②オスの背びれは高さ2mにもなるものがあり、水中で急な方向転換などをするときに役立ちます。

③クジラやイルカと同じように、肺呼吸を行ない、15分程度は、呼吸をせずに海の中を泳ぐことができます。

④母親を中心としたポッドと呼ばれる群れをつくり、狩りをします。

⑤魚やアザラシ、ペンギンなどの海鳥、ときには大きなクジラを襲って食べることもあります。

⑥シャチはときどき、海面に飛び上がり、水しぶきを上げて落ちるブリーチングをします。

⑦これは、仲間への合図や、体についた寄生虫を落とすためなどに行なっていると考えられています。

When do dolphins sleep?
イルカはいつ眠る？

①Dolphins look like they swim all day without sleeping. ②Because dolphins are mammals, if they sleep soundly in the water, they won't be able to breathe and die. ③However, it isn't the case that dolphins don't sleep at all. ④Dolphins can put each half of their brains to sleep. ⑤While swimming near the water's surface, dolphins take turns closing their eyes and let each half of their brain rest.

①イルカは一日中眠らずにずっと泳いでいるように見えます。②イルカは哺乳類なので、水中で熟睡すると呼吸ができずに死んでしまいます。③ただし、全く眠っていないわけではありません。④イルカは脳を半分ずつ眠らせることができます。⑤**水面近くを泳ぎながら、交互に目を閉じて脳を半分ずつ休ませているのです。**

Chapter 4
Mammals - Rodentia

第4章
哺乳類の動物－ネズミ目

40. *¹Mouse マウス

Life-span : 1 to 3 years.
Main foods : Nuts and so on of plants, insects and small animals.

① There are so many kinds of *²mice inhabiting the whole world
　～がある　　　　　とても多くの　種類　　ネズミ　～に生息する　　　全世界

except Antarctica.
～を除いて 南極大陸

② Those kinds are the most among mammals including about
　それらの　　　　　　最も多い　～の間で　哺乳類　　～を含んでいる

2,000 species.
　　　　種

③ In each of the upper and lower jaws of mice, there are 2 teeth
　それぞれ　　　上の　　　下の　あご　　　　　　　　　　　　　　歯

which continue to grow all their lives.
　　　続ける　　　成長する すべての　生涯

④ By doing such things as chewing on hard things, the upper and
　　　　…のような～　　　かむこと　　かたい

lower teeth are worn down by grinding against each other and
　　　　　擦り減らされる　　　　擦りつぶすこと ～に対して お互い

they can always keep sharp teeth.
　　　　常に　保つ　鋭い

⑤ Those that are adapted to the living environment of humans
　　　　　　　～に適応した　　生活の　環境　　　　　人間

are called house mice, and the others are called field mice.
～と呼ばれる　イエネズミ　　　　他のもの　　　　　　ノネズミ

⑥ There are 3 kinds of house mice: Norway rats, black rats and
　　　　　　　　　　　　　　　　　ドブネズミ　　クマネズミ

laboratory mice.
ハツカネズミ

⑦ Genetically improved breeds of Norway rats and laboratory
　遺伝子学的に　改良された　品種

mice are animals used in laboratory experiments.
　　　動物　　　使われる　実験室の　　　実験

*¹mouse：ハツカネズミのように、小型でかわいらしいネズミを指す。ドブネズミのように、大型でいか
　　　　ついネズミは rat という。
*²mice：mouse の複数形。

96

40 ネズミ │《ネズミ科》

寿命：1〜3年。
主食：木の実などの植物、昆虫や小動物。

①ネズミは、南極大陸を除く世界中に、大変多くの種類が生息しています。

②その種類は、哺乳類の中で最も多く、約2,000種います。

③ネズミの上あごと下あごには、一生のび続ける歯が2本ずつ生えています。

④かたいものをかんだり、上下の歯をかみ合わせることで歯が擦り減らされ、常に鋭い歯を保つことができます。

⑤人間の生活環境に適応したものをイエネズミといい、その他のものをノネズミといいます。

⑥イエネズミにはドブネズミ、クマネズミ、ハツカネズミの3種がいます。

⑦ドブネズミやハツカネズミを改良した種が、実験用の動物として使われています。

41. Hamster ハムスター ……《Cricetidae Family》 クライスィーティディ

Life-span : 2 to 3 years.
Main foods : Pet food pellets, vegetables, fruit, nuts.

① Hamsters are popular as pets because they have been improved
ハムスター　　人気のある　〜としてペット　〜なので　　　　改良されてきた

for easy rearing from wild mice.
簡単な 飼育　　　　野生の ネズミ

② Hamsters sleep in the daytime and move around looking for
眠る　　　　日中　　　　　動き回る　　　　〜を探して

food at night.
食べ物　夜

③ There is a 'cheek pouch' in the mouth of hamsters.
〜がある　　ほお袋 パウチ　　　口

④ When hamsters find food, they put it in the 'cheek pouches'
〜するとき　　　見つける　　　入れる

and take it back to their burrows.
持ち帰る　　　　　巣 バロウズ

⑤ In the burrows, there is a room to keep the food that they bring
部屋　ためておく　　　　　持ち帰る

back.

⑥ Females have 8 to 10 babies at the same time and become
メス　　生む 8〜10匹 赤ちゃん 同時に　　　　〜になる

pregnant 5 or 6 times a year.
妊娠した　　　回

⑦ Newborn babies become adults in about 2 months, and are
新生の　　　　　大人　　　　月　　〜することができる

able to have babies, so the number grows steadily.
だから　数　　増える 絶え間なく

41 ハムスター ｜《キヌゲネズミ科》

寿命：2〜3年。
主食：固形飼料、野菜、果実、木の実。

①ハムスターは、野生のネズミを飼育しやすいように改良したもので、ペットとして人気があります。

②昼間は寝ていて、夜になると食べ物を探して動き回ります。

③ハムスターの口の中には「ほお袋」があります。

④ハムスターは食べ物を見つけると、食べ物を「ほお袋」に入れて巣に持ち帰ります。

⑤巣には、持ち帰った食べ物をためておく部屋があります。

⑥**メスは一度に8〜10匹の子どもを生み、1年間に5、6回妊娠します。**

⑦生まれた子どもは約2カ月で大人になり、子どもを生むことができるため、どんどん数が増えます。

42. Squirrel
スクウィラル

·······《Squirrel Family》

Life-span : About 5 years.
Main foods : Nuts and so on of plants, insects etc.

① Squirrels inhabit all over the world except Antarctica and the
リス　　　　　～に生息する　世界中　　　　～を除いて　南極大陸

Australian continent.
オーストラリア大陸

② A bushy tail and big eyes are remarkable features.
　　ふさふさした　尾　　　目　　　　注目すべき　　特徴

③ They move quickly and are good at climbing trees.
　　　動く　すばやく　　　　～が得意である　登ること　　木

④ Squirrels eat nuts and leaves of trees, mushrooms and so on
食べる　木の実　　葉　　　木　　キノコ　　　　など

but they also eat bird eggs and the meat of dead animals.
　　　～もまた　鳥　卵　　　　　肉　　死んでいる　動物

⑤ Japanese squirrels are a unique Japanese species and inhabit
ニホンリス　　　　　　　固有の　　　　　種

the flatlands and lowland forests of Honshu and Shikoku.
平地　　　　　低地　　　林　　本州　　　四国

⑥ Japanese squirrels are active alone in the daytime and live life
活動的な　単独で　　　日中　　　　生活する

mainly in the tops of trees.
主に　　　上端

⑦ Squirrels store nuts and so on in the ground here and there.
蓄える　　　　　　　地面　　あちこちで

⑧ The hair on their back is dark reddish-brown in summer and
毛　　　背中　　暗い　茶褐色　　　　夏

turns grayish-brown in winter.
変わる　灰褐色　　　　冬

⑨ A lot of squirrels spend the winter in a sleeping state, but
多くの　　　～を過ごす　　　眠っている　状態

Japanese squirrels do not.

100

42 リス │《リス科》

寿命:約5年。
主食:木の実などの植物、昆虫など。

①リスは、南極大陸とオーストラリア大陸を除く世界中に生息しています。

②ふさふさした尾と大きな目が特徴です。

③動作がすばやく、木登(のぼ)りが得意です。

④木の実や葉、キノコなどを食べますが、鳥の卵(たまご)や死んだ動物の肉を食べることもあります。

⑤日本固有種であるニホンリスは、本州と四国の平地や低地の林に生息しています。

⑥ニホンリスは、昼間に単独で活動し、主に木の上で生活します。

⑦**木の実などを地面のあちこちに埋(う)めて蓄(たくわ)えます。**

⑧背中の毛は、夏は茶褐色(ちゃかっしょく)ですが冬になると灰褐色(はいかっしょく)になります。

⑨多くのリスは冬眠(とうみん)をしますが、ニホンリスは冬眠しません。

43. Beaver

ビーヴァー

······《Beaver Family》

Life-span : 10 to 20 years.
Main foods : Leaves and roots of trees, *bark, water plants and so on.

① In the beaver family, there are American beavers which inhabit
ビーバー　仲間　　　　　　　　　アメリカビーバー　　　　　～に生息する

North America and Eurasian beavers which inhabit Europe and
北アメリカ　　　　　ヨーロッパビーバー　　　　　　　　　　ヨーロッパ

Asia.
アジア

② Beavers have strongly built teeth and jaws and knock down
　　　　　　　　　頑丈に　つくられた　歯　　　あご　　　倒す

trees along the water with their teeth.
木　～に沿った　水辺　　～を使って

③ They carry the downed trees to the river and make dams to
　　　運ぶ　　　倒された　　　　　　　川　　　　　　　ダム

block the flow of the river.
さえぎる　流れ

④ In the middle of the dam's pond, beavers pile up tree branches
　　　真ん中　　　　　　　　池　　　　　　積み上げる　枝

and mud and make a dome-shaped lodge.
　　どろ　　　　　　ドーム型の　　　巣

⑤ Beavers live in groups of about 10 children and their parents.
　　　　　暮らす　群れ　　　　　　　　子ども　　　　　両親

⑥ Because the entrance to the lodge is underwater it prevents
　～なので　　入り口　　　　　　　　　　水中の　　　～が…するのを防ぐ

enemies from invading and is safe.
敵　　　　　侵入すること　　　安全な

⑦ Good swimmers, beavers dive in the water and search around
　上手な　泳ぎ手　　　　　　潜る　　　　　　　～を探し回る

for food such as water plants and so on.
　食べ物　～などの　水草

⑧ When danger comes near, they warn other beavers by hitting
　　　危険　来る　近くに　　警告する　他の　　　　　　たたくこと

their flat tails on the surface of the water or the ground.
　　平らな　尾　　　　表面　　　　　　　　　　地面

*bark：〈不可算名詞〉樹皮。他に動詞で「ほえる」の意味でも使われる。

102

和訳

43 ビーバー |《ビーバー科》

寿命：10～20年。
主食：木の葉や根、樹皮、水草など。

①ビーバーの仲間には、北アメリカに生息するアメリカビーバーと、ヨーロッパ、アジアに生息するヨーロッパビーバーがいます。

②丈夫な歯とあごをもち、水辺の木を歯でかじって倒します。

③倒した木を川に運んで、川の流れをせきとめてダムをつくります。

④できたダムの池の中に木の枝やどろを積み上げ、ドーム型の巣をつくります。

⑤ビーバーは、両親と子どもの10頭ぐらいの群れで暮らします。

⑥巣の出入り口は水中にあるため、敵の侵入を防ぐことができ、安全です。

⑦泳ぎがうまく、水中に潜って水草などの食べ物を探し回ります。

⑧危険が迫ると、平らな尾で水面や地面をたたいて仲間に危険を知らせます。

44. Capybara ……《Capybara Family》

カピバーラ

Life-span : About 10 years.
Main foods : Leaves of trees, bark, fruit and so on.

① Capybaras live in the Amazon River basin in eastern South
　カピバラ　　　生息する　　　　アマゾン川　　　流域　　　東部の　　南アメリカ

America.
アメリカ

② It is the largest among rodents and its body length exceeds 1
　　　　最大の　　～の間で 齧歯〈げっし〉動物（←ネズミの仲間）体長　　　超える

meter.
メートル

③ Capybaras have large front teeth and eat leaves and grass.
　　　　　　　　　　　前歯　　　　　　食べる　　　　　　草

④ Their bodies are covered with brown, hard hair like a scrub
　　体　　　～でおおわれている 茶色の　かたい 毛　～のような たわし

brush.

⑤ Capybaras have webbed feet, are good at swimming and spend
　　　　　　　　　水かきのある あし　～が得意である　泳ぐこと　　　～を過ごす

the most part of the day in the water.
ほとんどの 部分　　　日　　　　水

⑥ In order to escape enemies, capybaras can dive underwater for
　～するために 逃れる　敵　　　　　　　　　　潜る　水中に

5 minutes or more.
　分　　　それ以上

⑦ If they don't enter the water for a long time, their skin cracks.
　もし　　　　入る　　　　　　　長い間　　　　　　皮ふ ひび割れる

⑧ In the rainy season they live in groups of less than 20.
　　　　雨季　　　　　　　　　群れ　　～より少ない

⑨ In the dry season, in search of water, several groups gather
　　　　乾季　　　～を求めて　　　　　いくつかの　　集まる

together at swamps and lakes and form large mass groups of
いっしょに　沼　　　　湖　　　形成する　大規模な

over 100.
～を超えて

104

和訳

44 カピバラ │《カピバラ科》

寿命：約10年。
主食：木の葉、樹皮、果実など。

①カピバラは、南アメリカ東部のアマゾン川流域に生息しています。

②ネズミの仲間の中で最も大きく、体長は1mを超えます。

③大きな前歯をもち、木の葉や草を食べます。

④体はたわしのような、茶色のかたい毛でおおわれています。

⑤あし指には水かきがあり、泳ぐのが得意で一日の大半を水中で過ごします。

⑥敵から逃れるため、水中に5分以上潜ることができます。

⑦長い間、水に入らないと、皮ふがひび割れてしまいます。

⑧雨季には20頭以下の群れで暮らします。

⑨乾季になると、水を求めていくつかの群れが沼や湖に集まり、100頭を超える大きな集団になります。

45. Prairie Dog ······《Squirrel Family》

プレアリー　ドッグ

Life-span : 1 to 3 years.
Main foods : Leaves and roots, grass and so on.

① The prairie dog family inhabits the dry grasslands of North
プレーリードッグ　仲間　〜に生息する　乾燥した　草原　北アメリカ

America.

② The ones often seen in zoos and so on with black tipped short
それら　よく　見られる　動物園　など　〜がある　先端が黒い　短い

tails are black-tailed prairie dogs.
尾　オグロプレーリードッグ

③ One male, several females and their children become families
オス　数頭の　メス　子ども　〜になる　家族

and live in burrows dug in the ground.
暮らす　巣　掘られた　地面

④ Sometimes many families gather and make colonies of
ときには　集まる　群れ

hundreds of thousands to millions of prairie dogs.
数十万から数百万頭

⑤ Black-tailed prairie dog burrows are made of several rooms
〜でできている　部屋

connected by tunnels.
つながれた　トンネル

⑥ The use for each room, bedrooms, shelters, child raising rooms
使い道　それぞれの　寝室　避難所　子育てする〜

and so on is decided.
決められている

⑦ Mounds at the entrance of the burrows are used as a
盛り土　入り口　使われる　〜として

watchtower to sense danger.
見張り台　察知する　危険

⑧ When danger is felt the lookout cries with a sharp voice and
〜するとき　感じられる　見張り役　叫ぶ(→鳴く)　鋭い　声

lets the other prairie dogs know.
〜に…させる　他の　知る

和訳

45 プレーリードッグ | 《リス科》

寿命：1～3年。
主食：葉や根、草など。

①プレーリードッグの仲間は、北アメリカの乾燥した草原に生息しています。

②動物園などでよく見られるのは、短い尾の先が黒いオグロプレーリードッグです。

③1頭のオスと数頭のメス、その子どもからなる家族で、地面に巣穴を掘って暮らします。

④家族がたくさん集まって、数十万～数百万頭の群れをつくることもあります。

⑤**オグロプレーリードッグの巣穴は、トンネルでつながれたいくつもの部屋でできています。**

⑥それぞれの部屋は、寝室、避難所、子育て部屋など、使い道が決まっています。

⑦巣穴の出入り口に盛り土をし、危険を察知するための見張り台として使います。

⑧危険を感じると、見張り役が鋭い声で鳴いて仲間に知らせます。

46. **Dormouse** …… 《Dormouse Family》
ドーアマウス

Life-span : About 3 years.
Main foods : Insects, nuts of trees, fruit and so on.

① The *dormouse is an animal which lives in Japan, and inhabits
　　　ヤマネ　　　　　　　　動物　　　　　　　　　生息する　日本　　　　　　〜に生息する

the forests of Honshu, Shikoku and Kyushu.
　森林　　　　本州　　　　四国　　　　　　九州

② Called by another name, the Japanese dormouse, it was
　〜と呼ばれる　別の　　名前　　　　　ニホンヤマネ

designated as a natural treasure of the country.
指定された　　〜として　天然記念物　　　　　国

③ They are active alone and live life mainly in the tops of trees.
　　　　　　活動している 単独で　　　　生活する　主に　　　　　上部　　木

④ A bushy long tail helps them to keep balance.
　ふさふさした 長い　尾　役に立つ　　　　　保つ　バランス

⑤ They are active at night and during the day they rest in holes
　　　　　　　　　　　　　　　　〜の間　　昼間　　　　　休む　　穴

made in trees and so on.
つくられた　　　　〜など

⑥ In the winter, they curl their bodies up like a ball and spend the
　　　　　冬　　　　　　丸める　　体　　　　　〜のように ボール　　　　〜を過ごす

winter in a sleeping state in the ground, under the fallen leaves
　　　　　　　眠っている 状態　　　地面　　　〜の下に　　落ち葉

and so on.

⑦ They eat insects, nuts of trees, fruit and so on before
　　　　食べる 昆虫　　　実　　　　　果物　　　　　〜の前に
　ハイバネイション
hibernation and store fat in their bodies.
冬眠　　　　　蓄える 脂肪

⑧ During hibernation, they try not to use unnecessary energy by
　　　　　　　　　　　　　〜しないようにする 使う 余計な　　エネルギー

lowering the body temperature and heart rate.
下げること　　　体温　　　　　　　　　心拍数

*dormouse：複数形は dormice。

和訳

46 ヤマネ │《ヤマネ科》

寿命：約3年。
主食：昆虫や木の実、果実など。

①ヤマネは、日本に生息している動物で、本州や四国、九州の森林に生息しています。

②別名をニホンヤマネといい、国の天然記念物に指定されています。

③単独で行動し、主に木の上で生活します。

④ふさふさとした長い尾はバランスをとるのに役立ちます。

⑤夜行性で、日中は木にできた穴などで休んでいます。

⑥冬になると、地中や落ち葉の下などでボールのように体を丸めて冬眠します。

⑦昆虫や木の実、果実などを食べ、冬眠前には体内に脂肪を蓄えます。

⑧冬眠中は、体温や心拍数を下げて、無駄なエネルギーを使わないようにしています。

47. Flying Squirrel
フライング　スクウィラル
·····《Squirrel Family》

Life-span : 3 to 8 years.
Main foods : Nuts of trees, fruit, insects and so on.

① Flying squirrels are animals that inhabit North America, the
モモンガ(←飛ぶリス)　　　動物　　　〜に生息する　北アメリカ

Eurasian continent, Japan and so on.
ユーラシア大陸　　　　日本　　など

② They have large eyes, a flat tail, and a stomach covered with
大きい　目　平たい　尾　　おなか　〜でおおわれている
　　　　　　　　　　　　　　　　　　　　メンブレイン
white hair which opens into a flying membrane stretching
白い　毛　　　広がる　　　　　飛膜　　　伸びている

between their front and back legs.
〜と…の間に　　前の　　　後ろの　あし

③ Flying squirrels make their home in nests by spreading grass
　　　　　　　　　　　　家　　　巣　　　ばらまくこと　草

in the holes of trees.
穴　　　木

④ They live life mainly in the tops of trees and using the flying
暮らす　主に　　　上部　　　　　使って

membrane, leap from tree to tree.
飛ぶ　木から木へ

⑤ When they ride the wind well, they sometimes glide over 40
〜するとき　乗る　風　うまく　　ときには　滑空する 40 メートル以上

meters.

⑥ Flying squirrels look a lot like giant flying squirrels.
見える とても 〜のように ムササビ

⑦ Giant flying squirrels have a flying membrane also between
〜もまた

their rear legs and tails, but flying squirrels don't.
後ろの

　　　　　　　　　　　　　　　　　　　　　　　　ハドゥル
⑧ In the cold winter, several flying squirrels will huddle their
寒い　冬　数頭の　　　　　　　　　身を寄せ合う

bodies together to overcome the cold.
体　くっつけて　乗り越える　寒さ

和訳

47 モモンガ ｜《リス科》

寿命：3〜8年。
主食：木の実、果実、昆虫など。

①モモンガは、北アメリカやユーラシア大陸、日本などに生息している動物です。

②目は大きく、平たい尾をもち、前あしと後ろあしの間にある飛膜を広げたおなかは白い毛におおわれています。

③モモンガは、木の穴に草をしきつめた巣をすみかにしています。

④**主に木の上で生活し、飛膜を使って、木から木へ飛び移ります。**

⑤**うまく風に乗ったときは、40m以上滑空することもあります。**

⑥モモンガは、ムササビとよく似ています。

⑦ムササビには、後ろあしと尾の間にも飛膜がありますが、モモンガにはありません。

⑧モモンガは、寒い冬には数頭が体を寄せ合って寒さをしのぎます。

48. Nutria ヌートリア

Life-span : 8 to 10 years.
Main foods : Leaves and stems of plants and so on.

① Nutrias are animals which originally inhabited rivers and lakes
ヌートリア　動物　　　　　　もともと　　〜に生息していた　川　　　湖
of South America.
南アメリカ

② Now, they inhabit North America, Europe, and also Asia
現在では　　　　　　北アメリカ　　　ヨーロッパ　　〜も　　アジア
including Japan.
含む　　日本

③ This is because the nutria imported for their fur became wild
　　　　〜が原因である　　　　　輸入された　〜のために　毛皮　〜になった　野生の
and multiplied.
　　繁殖した

④ Among rodents, nutrias have large sharp teeth in the upper
〜の中で　齧歯動物(←ネズミの仲間)　　　大きい　鋭い　歯　　　　上の
and lower jaws.
　　下の　あご

⑤ Basically, nutrias are active at night and prefer to eat the leaves
基本的に　　　　　　　活発な　　　　　　　〜することをより好む　食べる
and stems of plants along the waterside.
　　　　　　　　　〜に沿った　水辺

⑥ Nutrias, normally, dig holes in riverbanks and in sandbanks
　　　　　ふつう　掘る　穴　　川の土手　　　　　　砂州
and make a burrow.
　　　巣

⑦ Plants are piled up above the water and floating nests called
　　　積み上げられる　〜の上に　　水　　　浮いている　巣　〜と呼ばれる
platforms are also made.
プラットホーム

⑧ In the burrows, males and females live in pairs.
　　　　　　　　オス　　　メス　暮らす　ペアで

112

和訳

48 ヌートリア │《ヌートリア科》

寿命：8〜10年。
主食：植物の葉や茎など。

①ヌートリアは、もともとは南アメリカの川や湖に生息していた動物です。

②現在は、北アメリカやヨーロッパ、日本を含むアジアにも生息しています。

③毛皮をとるために輸入されたヌートリアが、野生化して繁殖したからです。

④ヌートリアはネズミの仲間で、上下のあごに鋭く大きな歯があります。

⑤基本的には夜行性で、水辺の植物の葉や茎を好んで食べます。

⑥ヌートリアは、ふつう、川の土手や中州に穴を掘って巣をつくります。

⑦水の上に植物を積み上げて、プラットホームと呼ばれる浮巣をつくることもあります。

⑧巣では、オスとメスがペアで暮らします。

49. Old World Porcupine ·····《Old World Porcupine Family》

オウルド　ワールド　ポーキュパイン

Life-span : 3 to 15 years.
Main foods : Roots of trees and grass, fruit and so on.

① Old world porcupines inhabit Africa and Southeast Asia.
　ヤマアラシ　　　　　　　　　　〜に生息する アフリカ　　東南アジア

② They eat the roots of trees and grass, fruit and so on.
　　　　 食べる　 根　　　木　　　草　　果物　など

③ Porcupine's bodies are covered with sharp spines which are
　　　　　　　　体　　〜でおおわれている　鋭い　とげ

needle-like changed hair.
針のような　変化した　毛

④ The spines of porcupine's bodies are hard enough to pierce
　　　　　　　　　　　　　　　　　　　　　　かたい 〜するのに十分な 貫通する

aluminum cans, and the length is about 30 cm.
アルミ缶　　　　　　　　　長さ

⑤ The spines of the South African porcupine have a spotted black
　　　　　　　　　　アフリカタテガミヤマアラシ　　　　　　まだらの　黒い

and white pattern and are said to show that they are dangerous
　白い　　模様　　　　〜といわれる 示す　　　　　　　　　危険な

to their enemies.
　　　　敵

⑥ Porcupines when attacked by an enemy, bump into it
　　　　　　　〜とき　襲われる　　　　　　　ぶつかる

backwards and pierce the opponent with their spines.
後ろへ　　　　つき刺す　相手

⑦ When you eat a porcupine, because the spines may pierce
　　　　　　　　　　　　　　　〜なので

through the mouth and internal organs and also cause death, even
〜を通して　　口　　　　内臓　　　　　〜もまた 引き起こす 死　〜でさえ

large animals such as lions and so on rarely attack porcupines.
大きい　動物　〜などの　ライオン　　　めったに〜しない 襲う

114

和訳

49 ヤマアラシ │《ヤマアラシ科》

寿命：3〜15年。
主食：木や草の根、果実など。

①ヤマアラシは、アフリカと東南アジアに生息しています。

②木や草の根、果実などを食べます。

③ヤマアラシの体は、毛が変化した針のような鋭いとげでおおわれています。

④ヤマアラシの体のとげはアルミ缶を貫くほどのかたさで、長さは30cmくらいあります。

⑤アフリカタテガミヤマアラシのとげは、白黒のまだら模様で、敵に自分が危険であることを示しているといわれています。

⑥ヤマアラシは、敵に襲われると、後ろ向きにぶつかり、とげを相手につき刺します。

⑦ヤマアラシを食べると、とげが口の中や内臓をつき破り死ぬこともあるので、ライオンなどの大型の動物でも、ヤマアラシを襲うことは少ないです。

Can a chipmunk grow another tail?
シマリスのしっぽはまた生える？

① The bushy tail of the chipmunk is cute.   ② When a chipmunk is attacked by an enemy, it is able to break off its tail and escape. ③ This tail is very easy to break off.   ④ Lizards also break off their tails themselves, but the new tail grows back.   ⑤ However, if the tail of a chipmunk breaks off, it is finished.   ⑥ Because the new tail doesn't grow back again, let's not grab a chipmunk's tail

①ふさふさのしっぽが愛らしいシマリス。**②シマリスは敵に襲われたときにしっぽを切って逃げることがあります。**③このしっぽは、とても切れやすくなっています。④トカゲも自らしっぽを切りますが、切れたしっぽは再生されます。⑤しかし、リスのしっぽは切れたらそれで終わりです。⑥切れたしっぽは二度と再生されないので、リスのしっぽはつかまないようにしましょう。

Chapter 5
Mammals – Primates and Others

第5章
哺乳類の動物－サル目とその他

50. Japanese Macaque ·····《Old World Monkey Family》

ジャパニーズ　マカク

Life-span : 25 to 30 years.
Main foods : Leaves of trees, fruit, insects and so on.

① Japanese *macaques inhabit Japan and are the northernmost
ニホンザル　　　　　　～に生息する　日本　　　　　　　　最北に

inhabiting monkey in the monkey family.
　　　　　サル　　　　　　　　　仲間

② With one leader at the center, they make groups of males,
　　　　　リーダー　中心に　　　　　　　　　群れ　　　オス

females and their young.
メス　　　　　　　子ども

③ Baby macaques, soon after being born, move around by holding
　赤ちゃん　　　　～後まもなく　生まれること　あちこちに移動する　～につかまること

on to their mother's stomachs, and when they become a little
　　　　　母親　　　おなか　　　　　　～するとき　～になる　少し

bigger they ride on their mother's backs.
より大きい　乗る　　　　　　　背中

④ Japanese macaques, in addition to grass, tree nuts and insects
　　　　　　　　　　　～に加えて　草　　木の実　　　　昆虫

also eat tree bark.
～もまた 食べる 樹皮

⑤ They have cheek pouches where they store the food in their
　　　　　　ほお袋　　　　　　　　　　貯める　　食べ物

mouth for a short time and later slowly eat.
口　　　少しの間　　　　　　あとで ゆっくり

⑥ The face and posterior of Japanese macaques are red and are
　　顔　　　お尻(←後部)　　　　　　　　　　　　赤い

signs to recognize other macaques.
しるし　見分ける　他の

⑦ Also, the face and posterior of the group leader are particularly
　また　　　　　　　　　　　　　　　　　　　　　　　　特に

red, to inform others that he is strong.
　　　知らせる 他のもの　　　強い

*macaque : サルの中でも特に、オナガザル科に属するものを指す。

118

和訳 🌱

50 ニホンザル │《オナガザル科》

寿命：25〜30年。
主食：木の葉、果実、昆虫など。

①ニホンザルは日本に生息し、サルの仲間の中で最も北に生息するサルです。

②1頭のリーダーを中心に、オス、メス、子どもで群れをつくります。

③ニホンザルの子どもは、生まれてしばらくは母親のおなかにつかまって移動し、少し大きくなると母親の背中に乗って移動します。

④ニホンザルは、草や木の実、昆虫のほか、木の皮も食べます。

⑤ほお袋をもち、口に入れた食べ物をいったん貯め、あとでゆっくり食べることもあります。

⑥ニホンザルの顔やお尻は赤くなっていて、仲間を見分けるための目印になっています。

⑦**また、群れのリーダーの顔やお尻は、自分が強いことを知らせるために、特に赤くなっています。**

51. Hamadryas Baboon ……《Old World Monkey Family》
ハマドゥライアス　　　バブーン

Life-span : 30 to 40 years.
Main foods : Fruit, insects, small animals and so on.

① Hamadryas *baboons inhabit the dry mountainous areas of
マントヒヒ(←木の精のヒヒ)　　　　　　　　　　〜に生息する　乾燥した　山岳地帯

East Africa and the Arabian Peninsula.
東アフリカ　　　　　　　　アラビア半島

② Around the adult male's shoulders, long silver-gray hair grows.
〜のまわりに　大人のオス　　肩　　　　長い　銀灰色の　毛　生える

③ Because this long hair looks like they are wearing a 'manto'
〜なので　　　　　　　　　　　　〜のように見える　　着ている　　　　マント

(manteau), they are named 'mantohihi' in Japanese.
(フランス語で)マント　　　　名づけられた　　マントヒヒ

④ In females there is no hair like a 'manto', and the size of the
メス　　　　〜が少しもない　　〜のような　　　　　　　　大きさ

body is only about half of males.
体　　　たった〜だけ　半分　オス

⑤ Hamadryas baboons live in groups made from families with 1
暮らす　　群れ　〜からなる　　家族

male, several females, and their young.
数頭の　　　　　　　　子ども

⑥ In the evening they move to steep rocky places and several
夜　　　　　移動する　険しい　岩の多い　場所

groups gather together and make a large group.
集まる　いっしょに　　　　　大きい

⑦ By spending the night in a large group, they are protected from
〜を過ごすこと　夜　　　　　　　　　　　　守られる

enemies.
敵

*baboons : ヒヒのこと。

120

和訳

51 マントヒヒ｜《オナガザル科》

寿命：30〜40年。
主食：果実、昆虫、小動物など。

①マントヒヒは、アフリカ東部やアラビア半島などの乾燥した山岳地帯に生息しています。

②大人のオスの肩のまわりには、銀灰色の長い毛が生えています。

③この長い毛がマントを着たように見えることから、日本語で「マントヒヒ」という名前がつきました。

④メスには「マント」のような毛はなく、体の大きさもオスの半分くらいしかありません。

⑤マントヒヒは、1頭のオスと数頭のメス、その子どもからなる家族で一つの集団をつくって生活します。

⑥夜には切り立った岩場に移動し、いくつもの集団が集まって大きな群れをつくります。

⑦大きな群れで夜を過ごすことで、外敵から身を守っています。

Orangutan ……《Human Family》

オウランウータン

Life-span : 30 to 40 years.
Main foods : Fruit, leaves of trees, flowers, insects and so on.

① Orangutans inhabit Sumatra Island and Borneo Island in
オランウータン　〜に生息する　スマトラ島　　　　ボルネオ島

Southeast Asia.
東南アジア
　　　クロウス
② Close to humans, they have a developed intelligence.
〜に近い　人間　　　　　　　発達した　　知能

③ "Orangutan" has the meaning of "forest man" in Malay.
　　　　　　　意味　　　森の人　　　マレー語

④ Orangutans don't make groups and the males live alone and
　　　　　　　　　　　群れ　　　　　　　オス　暮らす単独で

females spend time with the children.
メス　　〜を過ごす時間　　　　子ども

⑤ They live most of their life in the trees and move from branch
　　　　大部分　　　生涯　　　　　　　移動する枝から枝へ

to branch by using their long arms.
　　　　　使うこと　　長い　うで

⑥ The large bulges on both sides of the face are called a flange.
　　大きい　でっぱり　両側　　　　顔　〜と呼ばれる　フランジ

⑦ The flanges only develop in strong males.
　　　　　ただ〜だけ発達する　強い

⑧ Males with flanges call out in a loud voice called a long call
　　　　　　　叫ぶ　　　　大きい　声　　　　ロングコール

in order to keep off other males and draw attention of females.
〜するために　寄せつけない他の　　　　　引く　注目

52 オランウータン｜《ヒト科》

寿命：30〜40年。
主食：果実、木の葉、花、昆虫など。

①オランウータンは、東南アジアのスマトラ島やボルネオ島に生息しています。

②オランウータンはヒトに近い、発達した知能をもっています。

③「オランウータン」には、マレー語で「森の人」という意味があります。

④オランウータンは、群れをつくらず、オスは単独で、メスは子どもと過ごします。

⑤樹上で生活することが多く、長いうでを使って枝から枝へ移動します。

⑥顔の両側にある大きく張り出した部分をフランジ（頬だこ）といいます。

⑦フランジは、強いオスだけに発達します。

⑧**フランジをもったオスは、ロングコールと呼ばれる大きな声を出して、他のオスを寄せつけないようにしたり、メスの気を引いたりします。**

123

53. Chimpanzee ……《Human Family》
チンパンズィー

Life-span : 40 to 50 years.
Main foods : Fruit, leaves, insects, small animals and so on.

① Chimpanzees which inhabit central Africa are said to be the
チンパンジー　～に生息する　中央アフリカ　　～といわれている

closest living things to humans.
…に最も近い　生き物　　　　ヒト

② They live in groups of several to about 20.
　　暮らす　群れ　　数頭　　およそ

③ There is a ranking among the groups and grooming is done to
　～がある　順位　～の中で　　　　　毛づくろい　　なされる

keep good relations among members.
保つ　　関係　　　　　メンバー

④ Chimpanzees are active in the daytime and mainly move on the
　　　　　　活発な　　　日中　　　主に　移動する

ground.
地面

⑤ Their arms are longer than their legs and when walking on all
　　　うで　～より長い　　　あし　～するとき　歩く　四足すべてで

fours, they walk with lightly closed fists touching the ground.
　　　　～を…して　軽く　にぎった　こぶし　触れる

⑥ There are also times when they walk on 2 legs.
　　　～もまた　とき

⑦ Chimpanzees are highly intelligent and use tools.
　　　　　　　高度に　知的な　　　使う　道具

⑧ They use grass stalks to pick up ants and eat them and will
　　　　　草　茎　　とる　アリ　　　食べる

break open hard nuts of trees with rocks and eat them.
こじ開ける　かたい　実　　　　石

⑨ At night, they make beds up in trees with *twigs and leaves and
　夜　　　　　　　ベッド　　　　　　　小枝　　　葉

sleep on the beds.
眠る

*twig：小さくて細い枝。大きくて太い枝は branch。

124

和訳

53 チンパンジー ｜《ヒト科》

寿命：40〜50年。
主食：果実、葉、昆虫、小動物など。

①中央アフリカに生息するチンパンジーは、ヒトに最も近い生き物といわれています。

②数頭から 20 頭ほどの群れで暮らします。

③群れの中には順位があり、メンバー同士の関係を保つため、毛づくろいをします。

④チンパンジーは、昼に活動し、主に地上を移動します。

⑤あしよりもうでが長く、四足歩行をするときは、軽く握ったこぶしを地面につけて歩きます。

⑥二足歩行をするときもあります。

⑦**チンパンジーは、知能が高く、道具を使います。**

⑧草の茎を使ってアリをとって食べたり、かたい木の実を石で割って食べたりします。

⑨夜になると、樹上に小枝や葉でベッドをつくり、そのベッドで眠ります。

54. **Gorilla**
ゴリラ

……《**Human Family**》

Life-span : 30 to 40 years.
Main foods : Leaves of plants, bark of trees, fruit.

① The gorillas which inhabit Africa are the largest of the primates
ゴリラ 　　　　 ～に生息する アフリカ 　　　　最も大きい 　　　　 サル目（プライメイツ）

and have solidly built bodies.
　　　　 強固に つくられた 体

② A male, several females and children make groups and live.
オス 数頭の メス 子ども 群れ 暮らす

③ Their bodies are big but they can climb trees.
登る 木

④ At night, each sleeps in the trees.
夜 それぞれ 眠る

⑤ Their hair is black but when males become adults the hair on
毛 黒い ～するとき ～になる 大人

their backs becomes white.
背中 白い

⑥ Gorillas like to eat plants with a lot of fiber such as bamboo
好む 食べる 多くの 繊維 ～などの タケノコ

shoots, celery and so on.
セロリ など

⑦ Gorillas beating their chests is called drumming.
たたくこと 胸 ～と呼ばれる ドラミング

⑧ Gorillas' avoid unnecessary fights by drumming.
避ける 不要な 戦闘

⑨ As well, drumming also shows the opponent their own location.
同様に ～もまた 示す 相手 自分の 居場所

和訳

54 ゴリラ │《ヒト科》

寿命：30〜40年。
主食：植物の葉、木の皮、果実。

①アフリカに生息するゴリラは、サル目の中で最も大きく、がっしりとした体をしています。

②1頭のオスと、数頭のメスと子どもが群れをつくって暮らします。

③体は大きいですが、木に登ることができます。

④夜になると、それぞれが樹上で休みます。

⑤毛は黒色をしていますが、オスは大人になると背中の毛が白くなります。

⑥ゴリラは、タケノコやセロリなど、繊維の多い植物を好んで食べます。

⑦**ゴリラが、胸をたたくことをドラミングといいます。**

⑧**ドラミングをするのは、不要な争いを避けるためです。**

⑨また、自分の居場所を相手に知らせるためにもドラミングを行ないます。

Life-span : 25 to 30 years.
Main foods : Grass.

① Horses are animals with 1 toe.
　ウマ　　　　　動物　　　　　　～をもつ　足指

② The tip of the toe is surrounded by a hoof.
　　先端　　　　　　　　　　囲まれている　　　　蹄

③ Their ancestors had 5 toes but only the third toe became thick
　　　　祖先　　　　　　　　　　　　　　～だけ　　三番目の　　　～になった　太い

and the other toes degenerated.
　　　　他の　　　　　　退化した

④ *The fewer the number of toes, the fewer the parts touching
　　　　より少ない　　数　　　　　　　　　　　　　　　　部分　触れる

the ground, so they can run faster.
　　地面　　　　だから　　　　　　走る　より速く

⑤ When grass is eaten, horses bite off and chew the grass with
　　～するとき　　食べられる　　　　　　　かみちぎる　　　かむ　　　　　　　　　～で
　　　　　　　　インサイザーズ

precisely even incisors.
きっちりと　水平な　門歯

⑥ Horses cannot digest the fibers of grass by themselves, so they
　　　　　　　　消化する　　　繊維　　　　　自分で
　　　　　　　　　　　　マイクロウブズ　　　　スィーカム

borrow the power of microbes in the cecum.
　　借りる　　　力　　　　　微生物　　　　　盲腸

⑦ Since their eyes are towards the side of their head, they can see
　～なので　　　　目　　　　～のほうに　　側面　　　　　頭　　　　　　　　　　　見る

a wide range.
　広い　　範囲

⑧ Horses have breeds such as Arabians which perform in horse
　　　　　　　　品種　　　　～などの　　アラブ　　　　　　　活躍する　　　　馬術競技

competitions, Thoroughbreds which have been improved for
　　　　　　　　　サラブレッド　　　　　　　　改良されてきた

horse racing, the large sized Percherons for pulling coaches and
　競馬　　　　　　　　大型の　　　　ペルシュロン　　引くこと　馬車

wagons and so on.
　荷馬車　　　など

*The fewer ～ , the fewer … : 「～が少なければ少ないほど、ますます…が少ない」という意味の慣用表現。

和訳

55 ウマ |《ウマ科》

寿命：25〜30年。
主食：草。

①ウマは、あしの指が1本の動物です。

②指の先は、蹄（ひづめ）で囲まれています。

③祖先は指が5本ありましたが、第三指だけが太くなり、他の指は退化しました。

④指の数が少ないほど、地面につく部分が少なくなるので、速く走ることができます。

⑤草を食べるときは、きっちり合わさった門歯（もんし）で草をかみ切ります。

⑥ウマは自分で草の繊維を消化できないため、盲腸にいる微生物の力を借りています。

⑦**目は頭の側面にあるので、広い範囲を見ることができます。**

⑧ウマには、馬術競技で活躍しているアラブや、競馬用に改良されたサラブレッド、馬車を引く大型のペルシュロンなどの品種があります。

56. Zebra

ズィーブラ

Life-span : 15 to 20 years.
Main foods : Grass.

① Zebras are wild horses which inhabit Africa.
シマウマ　野生の　ウマ　　　　〜に生息する　アフリカ

② The body has a characteristic striped pattern.
体　　　　　特徴的な　　　　　しまのある　模様

③ These stripes are *¹vertical stripes.
しま　　　　　　縦の(←垂直の)

④ The striped pattern has the effect in the grass of making zebras
効果　　　　草　　〜させること
hard to see from an enemy.
難しい　　見える　　敵
　　メイン

⑤ The mane is thought to be helpful in protecting the head and
たてがみ　〜と考えられている　役立つ　保護すること　　頭
neck.
首

⑥ The direction of ears can be turned back and forth.
耳の向く方向　　　　　向きを変えられる　前後に

⑦ Because of this, they can know what direction the sounds they
〜の理由から　　　　　　知る　　　方向　　　　　音
hear come from.
聞く　〜から来る

⑧ *²Living in the savanna and open forests, plains zebras make
暮らしていて　サバンナ　　　開けた　森林　　サバンナシマウマ
huge herds and searching for food grass, move in a great
巨大な　群れ　　　求める　　　　食べ物　　移動する　大移動
migration.

⑨ *³Living in high plateaus, mountain zebras live life with one
高い　高原　　　ヤマシマウマ　　暮らす
male making a harem of several females.
オス　　　　　ハーレム　数頭の　メス

*¹ vertical stripe：「縦じま」の意。ちなみに「横じま」は horizontal(←水平の) stripe といいます。
*²·*³ Living 〜, : 接続を表わす分詞構文。

和訳

56 シマウマ │《ウマ科》

寿命：15〜20年。
主食：草。

①シマウマは、アフリカに生息する野生のウマです。

②体には、特有のしま模様があります。

③このしまは、縦じまです。

④しま模様は、草の中で敵から見えにくくする効果があります。

⑤たてがみは、頭や首を保護するのに役立っていると考えられています。

⑥**耳は前後に向きを変えることができます。**

⑦**このため、音がどの方向から聞こえてくるかを知ることができます。**

⑧サバンナや開けた森林にすむサバンナシマウマは、巨大な群れをつくり、食べ物の草を求めて大移動をします。

⑨高原にすむヤマシマウマは、1頭のオスが数頭のメスとハーレムをつくって生活しています。

57. Rhinoceros ·····《Rhinoceros Family》

ライナサラス

Life-span : 40 to 50 years.
Main foods : Grass and leaves of trees.

① Rhinoceroses are the second largest mammal living on land
next to elephants, and they sleep with their horns in a prepared
position to defend themselves from lions.

② There are 3 toes on their feet and 1 or 2 large horns on their
heads.

③ The largest among rhinoceros, the white rhinoceros inhabits
Africa.

④ They have 2 horns in front and back on their heads and the
long one is as long as one and a half meters.

⑤ To eat grass, the end of the mouth is broad and flat.

⑥ The black rhinoceros also inhabits Africa and has 2 horns.

⑦ To eat the buds and branches of trees, the end of the mouth
comes to a point.

⑧ *Inhabiting South Asia, the Indian rhinoceros has 1 horn.

⑨ Surprisingly swift, they sometimes run as fast as 50 kilometers
per hour.

*Inhabiting ～ , : 接続を表わす分詞構文。

132

和訳

57 サイ | 《サイ科》

寿命：40〜50年。
主食：草や木の葉。

①サイは、ゾウに次いで大きな、陸上にすむ哺乳類で、ライオンから身を守るため、角を構えた姿勢で寝ます。

②あしには3本の指があり、頭には1〜2本の大きな角があります。

③サイの中でも最も大きいシロサイは、アフリカに生息しています。

④2本の角を頭の前後にもち、長いものでは1.5mもあります。

⑤草を食べるため、口の先は横に平らになっています。

⑥クロサイもアフリカに生息し、2本の角をもっています。

⑦木の芽や枝を食べるため、口の先はとがっています。

⑧南アジアに生息するインドサイの角は、1本です。

⑨**意外に敏捷で、時速50kmほどで走ることもあります。**

Life-span : 3 to 8 years.
Main foods : Grass, leaves, flowers and so on.

① Rabbits are animals characterized by long ears, large rear legs
   ウサギ   動物   特徴づけられる   長い 耳   大きい 後ろあし

and short tails.
      短い 尾

② The long ears can hear faraway sounds.
                  聞く 遠方の   音

③ The left and right ears move separately and they are always
                      動く 別々に   常に

alert to whether danger is approaching or not.
警戒している ～かどうか 危険 迫っている

④ There are many blood vessels spread throughout the ears.
  ～がある   血管   はりめぐらされた ～のあらゆる場所に

⑤ When running the ears stand and they try to hit the wind and
  ～するとき 走る   立つ   ～しようとする 当てる 風

run.

⑥ The wind hitting the ears cools the blood, preventing their
                      冷やす   血液   ～が…するのを防ぐ

body temperature from rising too much.
体温   上昇すること 過剰に

⑦ When they run they use their large back legs and run by
                   使う   後ろの

jumping up and down.
とび跳ねること 上下に

⑧ Rabbits do not have cuspid teeth, they bite off grass with large
                      カスピッド   かみちぎる
                      犬歯

インサイザー
incisor teeth, grind with the molar teeth and eat.
門歯   すりつぶす   臼歯   食べる

⑨ Small teeth grow behind the incisors becoming doubled, and
  小さい   生える 後ろに   ～になる 二重の

on the inside are small cutting teeth.
内側に   切歯

134

和訳

58 ウサギ ｜《ウサギ科》

寿命：3〜8年。
主食：草、葉、花など。

①ウサギは、長い耳と大きな後ろあし、短い尾が特徴の動物です。

②長い耳は、遠くの音を聞くことができます。

③左右の耳を別々に動かし、危険が迫っていないかを常に警戒しています。

④耳には、多くの血管がはりめぐらされています。

⑤走るときには耳を立て、風に当てるようにして走ります。

⑥耳を風に当てることで血液を冷やし、体温が上がりすぎるのを防いでいるのです。

⑦走るときは、大きな後ろあしを使い、とび跳ねるように走ります。

⑧ウサギは犬歯をもたず、大きな門歯で草をかみ切り、臼歯ですりつぶして食べます。

⑨門歯の後ろには小さな歯が生えていて二重になっていて、内側にあるのは小さな切歯です。

Life-span : 10 to 20 years.
Main foods : Grass, leaves of trees and so on.

① Kangaroos live in the grasslands and flatlands of Australia and
カンガルー 暮らす 草原 平地 オーストラリア

are animals with large legs and fat long tails.
動物 大きい あし 太い 長い 尾

② Using the big back legs, they run by hopping.
使って 後ろあし 走る 跳ねること

③ On the stomach of the mother, there is a pouch for raising
おなか 母親 ～がある 袋 育てること

young.
子ども

④ Kangaroo babies, when born, have a body length of only 2
赤ちゃん ～するとき 生まれた 体 長さ たった～だけ

centimeters and a body weight of only about 1 gram.
センチメートル 重さ 約 グラム

⑤ As soon as they are born, they enter the mother's pouch
～するとすぐ 入る

by themselves.
自分で

⑥ They grow by drinking milk in the pouch, and in about half a
成長する 飲むこと 乳 半年

year they begin to show their face from the pouch.
始める 見せる 顔

⑦ Because defecation and so on takes place inside the pouch, the
～なので 排便 など 行なわれる ～の中で

mother pushes her face inside the pouch and cleans by licking
～を…につっ込む きれいにする なめとること

out the feces.
排泄物

⑧ At 7 to 8 months, the young will begin to go out and go into
月齢 外に出る 入り込む

the pouch and at 10 to 11 months they will not go into it.

136

和訳

59 カンガルー ｜《カンガルー科》

寿命：10〜20年。
主食：草、木の葉など。

①カンガルーは、オーストラリアの草原や平地にすむ、大きなあしと太くて長い尾をもつ動物です。

②大きな後ろあしを使って、跳ねるように走ります。

③母親のおなかには、子育てをするための袋があります。

④カンガルーの子どもは、生まれたときには体長が2cm、体重は1gほどしかありません。

⑤生まれるとすぐに、自分で母親の袋に入ります。

⑥袋の中で乳を飲んで成長し、半年ほどで袋から顔を出すようになります。

⑦排便なども袋の中で行なうため、母親が袋の中に顔をつっ込み、排泄物をなめとってきれいにします。

⑧7〜8カ月で袋から出たり入ったりするようになり、10〜11カ月で袋に入らなくなります。

60. Koala
コウアーラ

······《Koala Family》

Life-span : 10 to 15 years.
Main foods : Eucalyptus leaves and so on.

① Koalas are animals living in the eucalyptus forests of Australia.
　コアラ　　　　　動物　　　　暮らす　　　　　　ユーカリ　　　森　　　　オーストラリア
　　　　　　　　　　　　　　　　　　　　　　　　　ユーカリプタス

② They live life alone in the trees and mainly eat eucalyptus
　　　　暮らす　単独で　　　　　木　　　　　　主に　　食べる

leaves.

③ Eucalyptus leaves are hard to digest and have poison.
　　　　　　　　　　　　　　　かたい　消化する　　　　　　毒

④ In order to digest the eucalyptus leaves, koalas have a long
　～するために　　　　　　　　　　　　　　　　　　　　　　　　　　　長い

cecum which is about 2 meters long.
盲腸　　　　　　　　　約　　メートル
スィーカム

⑤ Enzymes in the cecum break down the eucalyptus poison and
　酵素　　　　　　　　　分解する
　エンザイムズ

the microbes inside the cecum break down the eucalyptus fiber
　　微生物　　　～の中の

and help digestion.
　　助ける　消化

⑥ Female koalas have a pouch on their stomachs and raise young
　メスの　　　　　　　　　袋　　　　　　おなか　　　　　育てる　子ども

inside it.

⑦ The young, when they are around 6 months after birth, eat the
　　　　　　　～のとき　　　　　およそ　　月齢　　生まれたあと

mother's feces called pap.
　　　　排泄物　～と呼ばれる　パップ
　　　フィースィーズ

⑧ Because of this, the young receive the microbes which break
　～の理由で　　　　　　　　　受け取る

down eucalyptus leaves from the mother and become able to eat
　　　　　　　　　　　　　　　　　　　　　　　　　　　～できるようになる

eucalyptus leaves.

138

和訳

60 コアラ ｜《コアラ科》

寿命：10〜15年。
主食：ユーカリなどの葉。

①コアラは、オーストラリアのユーカリの森にすむ動物です。

②単独で木の上で生活しており、主にユーカリの葉を食べます。

③ユーカリの葉は、消化しにくく、毒があります。

④ユーカリの葉を消化するため、約2mもある長い盲腸をもっています。

⑤**盲腸にある酵素がユーカリの毒を分解し、盲腸の中にいる微生物がユーカリの繊維質を分解し、消化を助けます。**

⑥コアラのメスはおなかに袋をもち、その中で子どもを育てます。

⑦子どもは、生後6カ月ごろになると、パップと呼ばれる母親の糞を食べます。

⑧これにより、母親からユーカリの葉を分解する微生物を譲り受け、ユーカリの葉を食べることができるようになります。

61. Elephant エレファント ......《Elephant Family》

Life-span : 50 to 70 years.
Main foods : Leaves of trees, fruit, grass and so on.

① Elephants are the biggest animals on land.
ゾウ　最も大きい　動物　陸上で

② The long trunk is the upper lip and the nose grown together.
長い　鼻（トゥランク）　上の　唇　鼻　成長した　合わさって

③ There are no bones in the trunk and it can bend freely.
～がない　骨　曲がる　自由に

④ In addition to smelling with the trunk, they can suck water and
～に加えて　においをかぐこと　吸い込む　水

carry it to the mouth, and can pick up small things with convex
運ぶ　口　つまむ　小さい　もの　突起部

parts of the trunk tip.
先端

⑤ The large ears can collect and hear small sounds.
大きい　耳　集める　聞く　音

⑥ Also, releasing the heat of the body, the ears work to lower the
また　放出する　熱　体　機能する　下げる

raised body temperature.
上がった　体温

⑦ The amount they eat is very large, the African elephant's food
量　食べる　アフリカゾウ　食べ物

is as much as 200 kilograms of grass per day.
～もの　キログラム　1日あたり

⑧ The amount of drinking water is also 100 to 200 liters.
飲むこと　100～200リットル

⑨ They use a lot of time in the day on meals.
使う　多くの　時間　昼間　食事

⑩ When sleeping, they mostly remain standing and sleep lying on
～するとき　眠る　たいてい　～のままである　立っている　横たわる

their sides about once every several days.
側面　約　1回　～ごとに　数日

和訳

61 ゾウ ｜《ゾウ科》

寿命：50〜70年。
主食：木の葉、果実、草など。

①ゾウは、陸上で最も体の大きな動物です。

②長い鼻は、上唇と鼻がいっしょに伸びたものです。

③鼻の中には骨がなく、自由に曲げることができます。

④鼻でにおいをかぐほか、水を吸い込んで口に運んだり、鼻先の突起で小さなものをつまむこともできます。

⑤大きな耳は、小さな音を集めて聞くことができます。

⑥また、体の熱をにがし、上がった体温を下げるはたらきもあります。

⑦食べる量はとても多く、アフリカゾウでは1日に200kgもの草を食べるものがいます。

⑧飲む水の量も、100〜200 L にもなります。

⑨1日のうちの多くの時間を、食事に使います。

⑩眠るときは立ったままのことが多く、横になって眠るのは数日に1回程度です。

62. Dugong

《Dugong Family》

Life-span : 50 to 70 years.
Main foods : Marine plants.

① Dugongs are mammals which spend their whole life in the
ジュゴン　　　哺乳類　　　　　　〜を過ごす　　一生

water.
水

② The triangular tail is set horizontally and the front legs are like
三角形の　尾　つけられている　水平に　　　　前あし　　〜のような

flippers, and the rear legs have degenerated and can't be seen
ひれ　　　　　後ろあし　　退化した　　　　　見られない

from the outside.
　　　外側

③ In shallow places of warm seas, at a depth of 1 to 5 meters,
浅い　　場所　　温暖な　海　　深さ　　1〜5メートル

mothers and children live together or alone.
母親　　　　子ども　暮らす いっしょに　　単独で

④ In the daytime, they often stay still in the water, and sometimes
昼間　　　　　たいてい とどまる じっとした　　　　　ときどき

rise to the surface for breathing.
上がる　　表面　　　呼吸すること

⑤ The nostrils are closed in the water, but open when breathing.
鼻孔　　　閉じられた　　　　　　　開いた　〜のとき

⑥ The young are born, given milk and raised in the water.
子ども　生まれる　　与えられる 乳　　育てられる

⑦ The nipples are located at the base of the front legs and they
乳首　　位置する　　　　つけ根　　前の

breastfeed the young while hugging them with the front legs.
授乳する　　　　　　　〜する間に 抱きかかえる

⑧ From this breastfeeding form, it is said that they became the
授乳　　　　姿　　〜といわれる　　〜になった

model for mermaids.
モデル　　人魚

和訳

62 ジュゴン ｜《ジュゴン科》

寿命：50〜70年。
主食：海藻。

①ジュゴンは、水の中で一生を過ごす哺乳類です。

②三角形の尾が水平についていて、前あしはひれのようになっており、後ろあしは退化していて外からは見えません。

③温暖な海の水深1〜5mほどの浅いところで、単独か母と子がいっしょに暮らしています。

④昼は水の中でじっとしていることが多く、ときどき呼吸のために浮上します。

⑤鼻の穴は水の中では閉じていますが、呼吸のときには開きます。

⑥水中で子を生み、乳を与えて育てます。

⑦乳首は前あしのつけ根のところにあり、前あしで子どもを抱きかかえるようにして授乳します。

⑧この授乳の姿から、人魚のモデルになったといわれています。

63. **Anteater** アンティーター ……《Anteater Family》

Life-span : 10 to 15 years.
Main foods : Ants.

① Anteaters inhabit forests and grasslands from Central America
　　アリクイ　～に生息する　森林　　　草原　　　　　中央アメリカ

to South America.
　南アメリカ

② The mouth of an anteater is long and cylindrical and because of
　　口　　　　　　　　　　　　　長い　　円筒状の　　　～により

degeneration there are no teeth, and they eat ants and termites.
退化　　　　　　～がない　歯　　　　　　　食べる　　　シロアリ

③ With strong claws on their front feet they break open ant nests
　　　　強力な　爪　　　　前あし　　　　　壊して開ける　　巣

and stick their long tongues into ant nests, rotten trees and so on.
　　～を…につっ込む　　舌　　　　　　　　　　　腐った　木　　など

④ The length of the tongue is as long as 60 centimeters and they
　　長さ　　　　　　　　　　　～もの長い　　センチメートル

lick up ants with sticky saliva.
なめとる　　　粘着力のある　だ液

⑤ Anteaters can put their tongue in and out at a rate of up to 150
　　　　　　～を入れたり出したりする　　　　　速度　　～まで　150回

times per minute, and they may eat as many as 30,000 ants or
　　1分間に　　　　　　　　～する場合もある　～もの（多く）

termites a day.
　　　1日に

⑥ Anteaters which become adults live life alone, but mothers
　　　　　　　　～になる　大人　暮らす　単独で　　母親

place the young on their backs and carry them.
置く　　子ども　　　　背中　　　　運ぶ

⑦ If this is done, because the pattern of the mother and young's
　もし　行なわれる　～なので　模様

bodies becomes connected and unnoticed, they are difficult to
体　　　つながれた　　　目立たない　　　　　難しい

find by animals attacking from the air.
見つける　動物　　襲う　　　　空

144

和訳

63 アリクイ | 《アリクイ科》

寿命：10～15年。
主食：アリ。

①アリクイは、中央アメリカから南アメリカの森林や草原に生息しています。

②アリクイの口は長い円筒状になっていて、退化により歯はまったくなく、アリやシロアリを食べます。

③前あしの強力な爪でアリの巣を壊し、長い舌をアリの巣や朽ちた樹木などにつっ込みます。

④舌の長さは60cmほどもあり、粘着力のあるだ液によって、アリをなめとります。

⑤**舌を1分間に最高150回もの速さで出し入れすることができ、1日に3万匹ものアリやシロアリを食べることもあります。**

⑥大人になったアリクイは単独で生活しますが、母親は子を背中に乗せて運びます。

⑦こうすると、親子の体の模様がつながって目立たなくなるので、空から狙う動物に見つかりにくいのです。

64. Sloth ……《Two-toed Sloth Family・Three-toed Sloth Family》
スロース

Life-span : 10 to 30 years.
Main foods : Plants such as leaves.

① Sloths inhabit South America.
ナマケモノ ～に生息する 南アメリカ

② They spend most of the time in the tops of trees and spend 15
～を過ごす 大部分 時間 上端 木 ～を…に費やす

to 20 hours a day sleeping.
15～20時間 1日に 眠ること

③ They move very slowly.
動く ゆっくりと

④ Therefore, they don't stand out and are animals which are also
だから 目立つ 動物 ～もまた

seldom found by enemies.
めったに見つからない 敵

⑤ The family of three-toed sloths have 3 toes on their front feet
仲間 ミユビナマケモノ 足指 前あし

and the family of two-toed sloths have 2 toes with hook shaped
フタユビナマケモノ 鉤の形をした

claws attached.
爪 つけられた

⑥ Using these claws, they hang on branches of trees.
使って ぶら下がる 枝

⑦ While hanging on branches, they eat the surrounding tree
～する間に 食べる 周囲の

leaves and buds.
芽

⑧ They hardly move and don't use much energy, so the amount
ほとんど～しない エネルギー だから 量

of food is small.
食べ物 少ない

⑨ They come down to the ground about once a week and at this
下りてくる 地面 約 1回 1週間につき このとき
エクスクリート

time they excrete at the base of the tree.
排泄する 根元

146

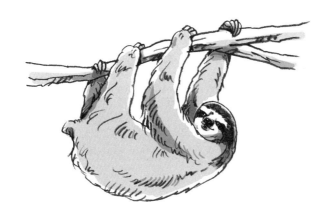

和訳

64 ナマケモノ | 《フタユビナマケモノ科・ミユビナマケモノ科》

寿命：10〜30年。
主食：葉などの植物。

①ナマケモノは、南アメリカに生息しています。

②ほとんどの時間を木の上で過ごし、1日に15時間から20時間も眠って過ごします。

③とてもゆっくり動きます。

④そのため、目立たず、敵に見つかることも少ない動物です。

⑤ミユビナマケモノの仲間は前あしに3本の、フタユビナマケモノの仲間は2本の指があり、鉤状の爪がついています。

⑥この爪を使って、木の枝にぶら下がります。

⑦枝にぶら下がったまま、周囲の木の葉や木の芽を食べます。

⑧ほとんど動かず、あまりエネルギーを使わないため、食べる量は少ないです。

⑨地上に下りるのは週に1回ほどで、このとき木の根元に排泄をします。

65. Armadillo アーマディロウ ……《Armadillo Family》

Life-span : About 15 years.
Main foods : Insects such as ants, grassroots.

① Armadillos inhabit from Central America through South
America.

② It is an animal which is active at night, and in the daytime rests
in burrows *1 dug underground.

③ They have large claws on their front feet and dig the ground
and eat ants, insect *2 larvae, snakes and so on.

④ The back side is covered with hard plates like shells.

⑤ These plates which are developed body hair are hard enough
to bounce off a bullet.

⑥ When an enemy comes near they roll their body into a ball and
protect themselves with the back plates.

⑦ When rolling the body into a ball, the only kind which becomes
completely round is called the three-banded armadillo.

---

*1 dug : dig(掘る)の過去分詞。
*2 larvae : larva(幼虫)の複数形。

148

65 アルマジロ |《アルマジロ科》

寿命:約15年。
主食:アリなどの昆虫、草の根。

①アルマジロは、中央アメリカから南アメリカにかけて生息しています。

②夜に活動する動物で、昼間は地中に掘った巣穴で休みます。

③前あしに大きな爪があり、地面を掘ってアリや昆虫の幼虫、ヘビなどを食べます。

④背中側は、甲羅のようなかたい板でおおわれています。

⑤この板は、体毛が変化したもので、銃弾をはね返すほどかたいです。

⑥**敵が近づくと体を丸め、背中の板で身を守ります。**

⑦体を丸めたとき、完全に丸くなるのは、ミツオビアルマジロという種類だけです。

《Mole Family》

Life-span : About 5 years.
Main foods : Earthworms, insects and so on.

① The mole family is a small sized mammal which lives
モグラ 仲間   小型の   哺乳類   暮らす

underground.
地下で

② The large palms of the front paws have sharp claws and
大きい 手のひら   前あし   鋭い   爪

are good at digging in the earth like a shovel.
〜が得意である 掘ること   土   〜のように シャベル

③ Their eyes are not very good but at a degree to understand
目   程度   わかる

brightness.
明るさ

④ The sense of smell is sharp and finds underground bugs.
嗅覚   見つける 地中の   虫

⑤ They have a territory of tunnels dug in the ground and live life
なわばり   トンネル 掘られた   地面   暮らす

alone.
単独で

⑥ The underground tunnels are divided into a bedroom with
〜に分けられている   寝室

fallen leaves spread out, a room to store food such as earthworms
落ち葉   広げられた   部屋   貯める 食べ物 〜のような

and so on, a toilet and so on.
など   トイレ

⑦ It is said that moles will die when hit by the sun's light, but this
〜といわれている   死ぬ 〜するとき 当てられる 日光

is a mistake.
間違い

⑧ Although it is rare to see moles above ground, moles do not die
〜だが   めったにない 見る 〜の上で

even if hit by the light of the sun.
たとえ〜でも

和訳 📌

66 モグラ ｜《モグラ科》

寿命：約5年。
主食：ミミズ、昆虫など。

①モグラの仲間は、地中で暮らす小型の哺乳類です。

②前あしの大きな手のひらには鋭い爪がついていて、シャベルのように土を掘るのが得意です。

③目はあまりよくなく、明るさがわかる程度です。

④嗅覚は鋭く、地中の虫を探し当てます。

⑤地中に掘ったトンネルになわばりをもち、単独で生活します。

⑥地下のトンネルは、落ち葉などをしきつめた寝室、ミミズなどの食べ物を貯めておく部屋、トイレなどに分かれています。

⑦モグラは太陽の光に当たると死んでしまうといわれることがありますが、これは間違いです。

⑧地上でモグラを目にすることはほとんどありませんが、太陽の光に当たってもモグラが死ぬことはありません。

67. Hedgehog ……《Hedgehog Family》
ヘッジホッグ

Life-span : 2 to 5 years.
Main foods : Insects, earthworms, mice, small birds and so on.

① The family of hedgehogs inhabits Asia, Africa and Europe.
　　仲間　　　　ハリネズミ　　〜に生息する　アジア　アフリカ　　　ヨーロッパ

② The whole body except for the face, stomach and legs
　　体全体　　　　〜を除いて　　　　顔　　おなか　　　　あし
is covered with hard hair like needles.
〜でおおわれている　かたい　毛　〜のような 針

③ Hedgehog's hair, in adults, is as many as 5,000 spines.
　　　　　　　　　　大人　　　　〜もの(多く)　　　　とげ

④ When danger comes near, they roll their bodies into a ball and
　　〜するとき 危険　　来る　近くに　　〜をボールのように丸める
protect themselves.
守る　　　自分自身

⑤ In newly born young, you can't see the hair like needles.
　　　新しく 生まれた 子ども　　　　　見る

⑥ About 2 weeks after birth, hair grows on the whole body and
　　　　2週間　　誕生後　　　　生える
they are able to curl up their bodies.
　　　〜することができる

⑦ In Japan, hedgehogs kept as pets have escaped or been thrown
　　　　　　　　　　飼われる 〜として ペット 逃げた　　　　捨てられた
away and have become wild and are breeding.
　　　　〜になった　　　野生の　　繁殖している

⑧ Because of this, the sales and breeding of some hedgehogs
　　〜の理由で　　　　　販売　　　飼育
such as the European hedgehog and so on were banned in 2006.
〜のような　ナミハリネズミ　　　　など　　　禁止された

和訳

67 ハリネズミ | 《ハリネズミ科》

寿命: 2〜5年。
主食:昆虫、ミミズ、ネズミ、小鳥など。

①ハリネズミの仲間は、アジアやアフリカ、ヨーロッパに生息しています。

②顔やおなか、あしを除く全身が、針のようにかたくなった毛でおおわれています。

③ハリネズミの毛は、大人では5,000本ほどになります。

④危険が迫ると、ボールのように体を丸め、身を守ります。

⑤生まれたばかりの子には、針のような毛は見られません。

⑥生まれて2週間くらいで、全身に毛が生え、体を丸めることができるようになります。

⑦日本では、ペットとして飼われていたハリネズミが逃げ出したり捨てられたりして、野生化し、繁殖しています。

⑧このため、2006年にナミハリネズミなどの一部のハリネズミの販売や飼育が禁止されました。

68. Bat バット ……《Common Bat Family · Fruit Bat Family》

Life-span : 10 to 20 years.
Main foods : Large sized bats; flowers and fruit. Small sized bats; insects and so on.

① Bats are the only mammals which can fly freely in the sky like
　コウモリ　　唯一の　哺乳類　　　　　　飛ぶ　自由に　　　空　　〜のように
birds.
鳥

② There are many kinds, about 1,100 species are known.
　〜がある　　　　　種類　　　　　　　　種　　知られている

③ The bones of the forearm and fingers of the front legs are long,
　　　骨　　　　前うで　　　　指　　　　前あし　　　長い
and a thin skin is stretched between them like wings.
　　薄い　皮ふ　張られている　〜の間に　　　翼

④ They fly freely in the sky but because the power of their rear
　　　　　　　　　　　　　　〜なので　　力　　　　後ろあし
legs is weak they can't take off from the ground.
　　　弱い　　　　飛び立つ　　　　地面

⑤ Usually, with the claws of the rear feet, they hang upside down
　ふだんは　　　鉤爪　　　　　　　　ぶら下がる　逆さまに
in the branches of trees.
　　　枝　　　木

⑥ From this upside down condition they take off while dropping.
　　　　　　　　　状態　　　　　　　　〜する間に　落下すること

⑦ Because the weight is extremely light, even if turned upside
　　　　体重　　　非常に　軽い　たとえ〜でも　向きを変える
down, blood will not climb to their head.
　　　血　　　　　のぼる　　　　頭

⑧ Small sized bats send out ultrasonic waves from the mouth and
　　　　　　送り出す　超音波　　　　　　口
nose.
鼻

⑨ Hitting prey such as insects and bouncing back, they can know
　当たって　獲物　〜などの　　　　　はね返る　　　　　知る
the position and speed of prey.
　　位置　　　　速さ

154

和訳

68 コウモリ │ 《ヒナコウモリ科・オオコウモリ科》

寿命：10〜20年。
主食：大型のコウモリは花や果実、小型のコウモリは昆虫など。

①コウモリは、鳥のように自由に空を飛ぶことができる唯一の哺乳類です。

②種類が多く、約1,100種が知られています。

③前あしのうでと指の骨は長く、その間に薄い皮ふが張られて翼のようになっています。

④自由に空を飛びますが、後ろあしの力が弱いため、地上からは飛び立つことができません。

⑤ふだんは後ろあしの鉤爪で木の枝などに逆さにぶら下がっています。

⑥この逆さの状態から、落下しながら飛び立ちます。

⑦体重が非常に軽いため、逆さになっても頭に血がのぼることはありません。

⑧小型のコウモリは、口や鼻から超音波を出します。

⑨昆虫などの獲物に当たってはね返ってきたようすで、獲物の位置や速さなどを知ることができます。

Why is the posterior of a popular Japanese macaque red?
なぜ、モテるニホンザルのお尻は赤いのか？

① There are monkeys all over the world but only the Japanese macaque has a red posterior. ② The posterior is red because there are blood vessels near the surface of the skin of the posterior and the red color of the blood shows through. ③ The more the posterior is red, the better the circulation of blood is, and it can be said it is a healthy monkey. ④ Monkeys with redder posteriors are considered to have stronger vitality and therefore are more popular with the opposite sex.

①サルの仲間は世界中にいますが、お尻が赤いのはニホンザルの仲間だけ。②お尻が赤いのは、お尻の皮ふの表面近くに血管があって、血液の赤色が透けて見えるためです。③お尻が赤いほど血液の巡りがよく、元気なサルといえます。④**お尻が赤いサルほど生命力が強いとみなされ、異性にモテるのです。**

Chapter 6
Birds

第6章
鳥類の動物

Penguin

ペングウィン

……《Penguin Family》

Life-span : 10 to 20 years.
Main foods : Fish, squid, krill and so on.

① Members of the penguin family, such as emperor penguins,
　　　仲間　　　　　　　ペンギン科　　　　　　　　〜のような　　コウテイペンギン

Adelie penguins, gentoo penguins and so on, inhabit the Southern
アデリーペンギン　　　ジェンツーペンギン　　　　など　　　　〜に生息する　　南半球

*Hemisphere centered on Antarctica.
　　　　　　　　〜を中心とする　南極大陸

② They are good at swimming underwater, and they swim using
　　　　〜が得意である　　泳ぐこと　　　水中で　　　　　　　　　　　　　　　使って

their wings like flippers.
　　　つばさ　〜のように ひれ

③ They have webbed feet which are helpful for changing
　　　　　　　水かきのある　あし　　　　　　　　役立つ　　　　　変えること

swimming directions underwater.
　　　　　　　方向

④ There are some kinds of penguins which can dive over 200
　　　〜がいる　　　　種類　　　　　　　　　　　　　潜る　　〜を超えて

meters deep.
メートル　深く

⑤ Penguin tail feathers are short and hard and they help to
　　　　　尾羽　　　　　　　短い　　　　かたい

support the body.
　支える　　体

⑥ Penguins have sharp barbs on their tongue so that the fish they
　　　　　　　鋭い　とげ　　　　　　舌　　〜できるように

eat don't escape when held in their mouths underwater.
　　　逃げる　　　くわえられる　　口

⑦ Penguins are not good at walking, so on ice they also move
　　　　　　　　　　　　歩くこと　　　　氷　　　　〜もまた 移動する

forward by lying on their stomachs and sliding.
前へ　　　　腹ばいになること（←おなかの上で寝そべること）　すべること

*hemisphere：半球のこと。hemi- は「半（half）」を意味する結合形で、sphere は「球」のこと。

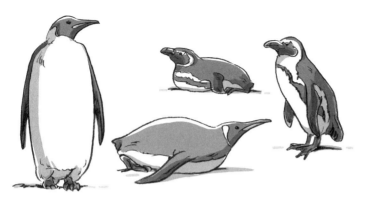

和訳 📌

69 ペンギン │《ペンギン科》

寿命：10〜20年。
主食：魚、イカ、オキアミなど。

①ペンギンの仲間には、コウテイペンギンやアデリーペンギン、ジェンツーペンギンなどがおり、南極大陸を中心に南半球に生息しています。

②水中を泳ぐのが得意で、つばさをひれのように使って泳ぎます。

③あしには水かきがあり、水中で泳ぐ方向を変えるのに役立ちます。

④ペンギンの中には、200m以上の深さまで潜れる種類もいます。

⑤ペンギンの尾羽は短くてかたくできており、体を支えるのに役立ちます。

⑥水中でえさとなる魚をくわえて逃がさないように、舌には鋭いとげが生えています。

⑦ペンギンは歩くのが苦手なため、氷の上では、腹ばいになってすべって進むこともあります。

70. Nightingale

ナイティンゲイル

······《Nightingale Family》

Life-span : 2 to 5 years.
Main foods : Fruit, insects.

① Nightingales are birds seen all over Japan.
　　ウグイス　　　　　　鳥　　見られる　～中で

② They can also be seen in the northeastern part of China, the
　　　　　～もまた　　　　　　　　　東北の　　　　　地域　　中国

Korean Peninsula, Southeast Asia and so on.
朝鮮半島　　　　　　東南アジア　　　　など

③ Among nightingales living in cold areas there are also some
　　～の中で　　　　　　　暮らす　　寒い　　　　～がいる

kinds which migrate to the south and spend the winter.
種類　　　　　渡りをする　　　　南　　　　過ごす　　冬

④ Nightingales live in low thickets.
　　　　　　　　　　　　低い　やぶ

⑤ When it becomes spring, for claiming territory and courting
　　　　　～になる　　　春　　　　主張すること　なわばり　　　　～に求愛すること

females, males will sing in a beautiful voice "*Hohokekyo*,"
メス　　　オス　　　鳴く　　　　美しい　　声　　　ホーーホケキョ

"*Kekyokekyo*".
ケキョケキョ

⑥ The Japan Meteorological Agency observes the first day the
　　　　気象庁 (←日本気象庁)　　　　　　観測する　　　　最初の

nightingale sings and grasps the delay or progress of the arrival
　　　　　　　　　　　　把握する　　遅れ　　進行　　　　　　訪れ

of spring.

⑦ The body color of nightingales is a plain dark reddish-brown.
　　体色　　　　　　　　　　　　　　地味な　暗い　茶褐色

⑧ A dull yellowish-green color is called 'nightingale color' in
　　くすんだ　黄緑　　　　　　　　　～と呼ばれる　ウグイス色

Japan, but this is close to the color of the body of a Japanese
　　　　　　　　～に近い　　　　　　　　　体　　　メジロ

white-eye, not a nightingale.

160

70 ウグイス ｜《ウグイス科》

寿命：2〜5年。
主食：果実、昆虫。

①ウグイスは日本各地で見られる鳥です。

②中国の東北部や朝鮮半島、東南アジアなどでも見ることができます。

③寒い地域にすむウグイスの中には、南に渡って冬を越す種類のウグイスもいます。

④ウグイスは、低いやぶにすんでいます。

⑤春になると、なわばりを主張したり、メスに求愛したりするために、オスが「ホーホケキョ」、「ケキョケキョ」と美しい声で鳴くようになります。

⑥気象庁は、ウグイスの初鳴日を観測し、春の訪れの遅れや進みを把握しています。

⑦ウグイスの体の色は地味な茶褐色です。

⑧くすんだ黄緑色を日本ではうぐいす色といいますが、これはウグイスではなくメジロの体の色に近いです。

71. Sparrow
スパロウ

·······《Sparrow Family》

Life-span : 1 to 3 years.
Main foods : Grain, insects.

① Sparrows are birds which are always seen near us and are
スズメ　　　　鳥　　　　　　　　　　いつも　見られる　〜の近くで

found throughout Japan.
見つけられる　〜じゅうに　日本

② They are also found across Africa, the Eurasian Continent, the
　　　〜もまた　　　　〜の全域でアフリカ　ユーラシア大陸

Americas, Australia and so on.
アメリカ大陸　オーストラリア　など

③ In the sparrow family, there are about 40 kinds such as the
　　　　　　仲間　　　〜がある　　　　　　種類　　〜などの

house sparrow, the russet sparrow and so on.
イエスズメ　　　　　ニュウナイスズメ

④ There are many species that live in places where people live,
　　　　　　　　　種　　　　　　暮らす　　場所　　　　人々

such as urban areas, farmlands, villages and so on.
　　　　都会の　地域　　農地　　　里

⑤ Sparrows will take sand baths to remove parasites on their
　　　　　　　　　　　砂浴びをする(←砂風呂に入る)　取り除く　寄生虫

feathers.
羽

⑥ Also, to remove dirt and lower body temperature they take
また〜も　　　　　　汚れ　　　　下げる　体温

baths in water.
水浴びをする(←水中に入浴する)

⑦ Many birds take only either a sand bath or a bath in water, but
　　　　　　　　〜だけ　〜か…のどちらか

sparrows are rare birds that do both.
　　　　　　珍しい　　　　　　両方

162

和訳

71 スズメ │《スズメ科》

寿命：1〜3年。
主食：穀物、昆虫。

①スズメは、私たちが最も身近に見られる鳥で、日本中に分布しています。

②アフリカやユーラシア大陸、アメリカ大陸、オーストラリアなどにも分布しています。

③スズメの仲間は、イエスズメやニュウナイスズメなど、約40種類あります。

④市街地や農地、人里など、人のすんでいるところで生活する種が多いです。

⑤**スズメは、羽についた寄生虫などを取り払うために砂浴びを行ないます。**

⑥**また、汚れを落としたり、体温を下げたりするために水浴びも行ないます。**

⑦多くの鳥は、砂浴びか水浴びのどちらかしか行ないませんが、スズメは両方を行なう珍しい鳥です。

72. Swallow スワロウ

《Swallow Family》

Life-span : 3 to 15 years.
Main foods : Insects.

① Swallows are found all over the world except Antarctica and
ツバメ　　見つけられる　～じゅうに　　世界　　～を除いて　南極

the Arctic, and are one representative of migratory birds seen all
北極　　　　　　　　　代表　　　　　　　渡り鳥　　　　　見られる

over Japan.

② Swallows seen in Japan spend the winter in Southeast Asia
　　　　　　　　　　　　　過ごす　　　冬　　　　東南アジア

such as the Philippines and Malaysia, and in the spring, they
～などの　フィリピン　　　　マレーシア　　　　　　　　春

migrate to Japan for breeding.
渡りをする　　　　　　繁殖

③ Swallows, on the eaves and walls of houses, harden mud and
　　　　　　　　　イーヴズ　　　　　　　　　　　　マッド
　　　　　　　　軒　　　　　壁　　　家　　　固める　泥

grass with saliva and make a nest.
草　　　　だ液　　　　　　巣

④ Among swallows, some of them make nests on the cliffs of rock
～の中には　　　　　　　　　　　　　　　　　がけ　　　岩壁

walls and under bridges and some of them make nests by digging
　　　　～の下に　橋　　　　　　　　　　　　　　　　　掘ること

holes in the banks of rivers and so on.
穴　　　　土手　　川　　　　など

⑤ Swallows have long wings with pointed tips and can fly at a
　　　　　　　　長い　翼　　～がある　とがった　先端　　飛ぶ　高速

high speed.

⑥ While flying at a high speed, they catch insects flying in the air
～する間に　　　　　　　　　　　捕まえる　昆虫　　　　空中で

and insects floating on the water's surface and eat.
　　　　　　浮いている　　　　水面　　　　　　　食べる

164

和訳

72 ツバメ | 《ツバメ科》

寿命：3〜15年。
主食：昆虫。

①ツバメは、南極や北極を除く世界中に分布していて、日本全国でも見られる代表的な渡り鳥の一つです。

②日本で見られるツバメは、フィリピンやマレーシアなどの東南アジアで冬を過ごし、春になると繁殖のために日本に渡ってきます。

③ツバメは、家の軒先や壁などに、泥や草などを唾で固めて、巣をつくります。

④ツバメの中には、がけの岩壁や橋の下に巣をつくる仲間や、川の土手などに穴を掘って巣をつくる仲間もいます。

⑤ツバメは、先のとがった長い翼をもっていて、高速で飛ぶことができます。

⑥高速で飛びながら、空中を飛んでいる昆虫や水面に浮いている昆虫を捕まえて食べます。

73. Pheasant ……《Pheasant Family》
フェズント

Life-span : Around 10 years.
Main foods : Seeds of grass, insects and so on.

① The Japanese green pheasant is the national bird of Japan.
キジ / 国鳥

② The family of pheasants lives life on the ground and have short
仲間 / 暮らす / 地面 / 短い

strong legs.
強い / あし

③ The wings are short and they are not good for flying long
翼 / ～に適さない / 飛ぶこと / 長い

distances, but as the muscles of the chest grow, if they feel
距離 / ～なので / マスルズ 筋肉 / 胸 / 発達する / ～なら / 感じる

themselves in danger, they can take off quickly.
危険な状態で / 飛び立つ / 素早く

④ Males are very bright colors; the face is red and from the chest
オス / 鮮やかな 色 / 顔 / 赤い / 胸

to the stomach is dark green.
おなか / 濃い / 緑色の

⑤ Females are a plain color, and there are dark brown spots on
メス / 地味な / ～がある / 褐色の / 斑点

the whole body.
全身

⑥ When males come into the breeding season, while singing
～するとき / ～に入る / 繁殖期 / ～する間 鳴く

loudly, they flap their wings and make a sound.
大声で / はばたかせる / 出す / 音

⑦ This behavior is called *Horouchi*.
行動 / ～と呼ばれる

⑧ *Horouchi* is behavior to attract a female, and the sound can be
引きつける

heard as far as one and a half kilometers away.
聞かれる / ～まで遠く / 1.5 キロメートル / 離れて

和訳

73 キジ | 《キジ科》

寿命：約10年。
主食：草の実、昆虫など。

①キジは日本の国鳥です。

②キジの仲間は、地上で生活し、短く丈夫なあしをもっています。

③翼は短く、長距離を飛ぶのは苦手ですが、胸の筋肉が発達し、身の危険を感じると、素早く飛び立つことができます。

④オスはとても鮮やかな色をしていて、顔は赤く、胸からおなかにかけては濃い緑色をしています。

⑤メスは地味な色をしていて、全身に褐色の斑点があります。

⑥オスは繁殖期になると、大きな声で鳴きながら、翼をはばたかせて音を立てます。

⑦この行動を母衣打ちといいます。

⑧**母衣打ちはメスを引きつけるための行動で、その音は1.5km先まで聞こえることもあります。**

74. Peacock
ピーコック

……《Pheasant Family》

Life-span : Around 20 years.
Main foods : Seeds of grass and trees, insects and so on.

① Peacocks are members of the pheasant family.
　　クジャク　　　　　　仲間　　　　　　　　キジ科

② The males have long and beautiful feathers, but female's
　　　オス　　　　長い　　　美しい　　　羽　　　　　　メスの

feathers are short and a plain color.
　　　　　　　　短い　　　　地味な　色

③ Males have beautiful feathers for courting females.
　　　　　　　　　　　　　　　　　　　　　　〜に求愛すること

④ When it becomes breeding season the males appeal to females
　　〜するとき　〜になる　　繁殖期　　　　　　　　　　　アピールする

by spreading their feathers widely in front of them.
　　広げること　　　　　　　　大きく　　　〜の前で

⑤ The long feathers of males are in the way when moving around
　　　　　　　　　　　　　　　　　　邪魔になって　　　　動き回る

and flying.
　　飛ぶ

⑥ When flying in the sky they fold away the feathers and flap
　　　　　　　　　　空　　　　折りたたんでおく　　　　　　はばたかせる

their wings.

⑦ These long feathers of males are not the case all year round.
　　　　　　　　　　　　　　　　　事実ではない　一年中

⑧ When the breeding season ends, the long feathers fall out and
　　　　　　　　　　　　　終わる　　　　　　　　　　抜け落ちる

grow again by the next breeding season.
生える　再び　〜までに　次の

168

和訳

74 クジャク |《キジ科》

寿命：約20年。
主食：草や木の実、昆虫など。

①クジャクは、キジの仲間です。

②オスは、長くて美しい羽をもっていますが、メスの羽は短く地味な色をしています。

③オスが美しい羽をもっているのは、メスに求愛するためです。

④繁殖期になると、オスはメスの前で大きく羽を広げてアピールします。

⑤オスの長い羽は、動き回ったり、空を飛んだりするときには邪魔になります。

⑥空を飛ぶときには、羽を折りたたんではばたきます。

⑦このオスの長い羽は、1年中あるわけではありません。

⑧繁殖期が終わると、長い羽は抜け落ちて、次の繁殖期までに再び生えてきます。

75. *¹Chicken ……《Pheasant Family》
チキン

Life-span : Around 10 years.
Main foods : Mixed feed, vegetables and so on.

① The ancestor of the chicken was originally a member of the pheasant family, the red junglefowl.
祖先　　　　　　　　　ニワトリ　　　　　もともと　　仲間
キジ科　　　　　　　　セキショクヤケイ

② Chickens are raised by humans to get meat and eggs.
飼育される　　人間　　得る　肉　　卵

③ The chicken that is kept the most in the world is the white leghorn.
飼われている　最も多く　　世界　ハクショクレグホン

④ Many birds *²lay eggs again when the already laid eggs are taken away on purpose.
鳥　　産む　　再び　～するとき　すでに　産まれた卵
取り除かれる　意図的に

⑤ On chicken farms, chickens lay eggs more steadily because of this habit.
養鶏場　　　　　　　　　　　　　　より絶え間なく　～のために
習性

⑥ To enjoy the beauty of the crowing and the feathers, different breeds of chickens have been made.
美しさ　　鳴くこと　　　羽　　さまざまな
品種　　　　つくられてきた

⑦ *Totenko* chickens are kept for their beautiful crowing and as a bird for telling the time.
トウテンコウ　　　　　　　　　　　　　　　　　　　　～として
知らせること　時

⑧ The *Onagadori* with very long tail feathers is designated as a Special Natural Treasure in Japan.
オナガドリ　　　　　　長い　尾羽　　　指定されている
特別天然記念物

*¹chicken：cock / rooster（ともに雄鶏）とhen（雌鶏）の総称。
*²lay（卵を産む）：lay-laid-laid。lie（横たわる）のlie-lay-lainと混同しないこと。

170

75 ニワトリ │《キジ科》

寿命：約10年。
主食：配合飼料、野菜など。

①ニワトリの祖先はもともとキジの仲間であるセキショクヤケイです。

②ニワトリは、人間が肉や卵を得るために飼育されています。

③世界で最も多く飼われているニワトリは、ハクショクレグホンです。

④**多くの鳥は、産んだ卵を意図的に取り除くと再び産卵します。**

⑤**養鶏場で、ニワトリが卵をどんどん産むのはこの習性のためです。**

⑥ニワトリには、声や羽の美しさを楽しむためにつくられた品種もあります。

⑦トウテンコウは、とても美しい声で鳴き、時を知らせる鳥として飼われています。

⑧とても長い尾羽をもつオナガドリは、日本で特別天然記念物に指定されています。

コンドア

……《Condor Family》

Life-span : 50 to 60 years.
Main foods : Dead bodies of animals.

① Condors are large birds inhabiting the South American
コンドル　　　大型の　鳥　〜に生息する　　南アメリカ大陸

continent and North American continent.
　　　　　　北アメリカ大陸

② Because the wings of all the members of the condor family are
〜なので　　翼　　　　　　仲間　　　　　　コンドル科

large, they are not good at flapping and they catch the wind with
　　　　　　得意ではない　はばたくこと　　　とらえる　風

their wings and soar in the sky.
　　　　　　飛翔する　　空

③ Among condors, the especially large Andean condor has a huge
〜の中で　　　　　特に　　　　　アンデスコンドル　　巨大な

wingspan of about 3 meters.
翼幅　　　　　　　　メートル

④ Condors are birds of prey and mainly eat the dead bodies of
　　　　　　　猛禽類(←肉食性の鳥類)　主に　食べる　死がい

animals.

⑤ Because they stick their heads into the dead bodies, there are
　　　　　〜を…につっ込む　頭　　　　　　　　　　　　〜がない

no feathers on their heads.
　　羽毛

⑥ Rotten dead flesh may contain bacteria harmful to the body.
腐った　死肉　〜かもしれない 含む　細菌　〜に有害な

⑦ Condors, because of special digestive organs obtained in the
　　　　　　〜により　特別な　消化器官　得られた

process of evolution for millions of years, can kill these harmful
過程　　進化　　　数百万という〜　　　　　殺す

bacteria and are able to eat dead flesh.
　　　　　　〜できる

76 コンドル ｜《コンドル科》

寿命：50〜60年。
主食：動物の死がい。

①コンドルは、南アメリカ大陸や北アメリカ大陸に生息する大型の鳥類です。

②コンドルの仲間はどれも翼が大きいため、はばたくのは得意ではなく、翼に風を受けて空を飛びます。

③コンドルの中でも特に大きいアンデスコンドルは、約3mの巨大な翼をもっています。

④コンドルは猛禽類で、主に動物の死がいを食べます。

⑤**死がいに頭をつっ込んで食べるため、コンドルの頭には羽毛がありません。**

⑥腐った死肉には、体に有害となる細菌が含まれていることがあります。

⑦コンドルは、数百万年の進化の過程で得た特殊な消化器官によって、このような有害な細菌を死滅させることができるため、死肉を食べることができるとされています。

77. Eagle イーグル

……《Hawk Family》

Life-span : 20 to 40 years.
Main foods : Fish, small animals.

① Within the family of hawks, the large ones are called eagles.
〜の中で　仲間　タカ（ホークス）　大型の　それ　〜と呼ばれる　ワシ

② In eagles, there are kinds which inhabit areas near the sea like
〜がある　種類　〜に生息する　地域　〜の近くで　海　〜など

the Steller's sea eagle and kinds which inhabit the mountains like
オオワシ　　　　　　　　　　　　　　　　　　　　　山

the golden eagle.
イヌワシ

③ Eagles inhabiting areas near the sea catch fish, water birds, and
　　　　　　　　　　　　　　　　　捕まえる　　水鳥　　　など

so on along the coast and eat them.
　　〜に沿って　海岸　　食べる

④ Eagles inhabiting the mountains make nests in trees or rocky
　　　　　　　　　　　　　　　　　　巣　木　　岩の多い

places and catch small animals.
場所

⑤ Eagles have sharp claws and beaks to catch prey.
　　　　　　鋭い　爪　　　くちばし　　　獲物

⑥ Harpy eagles which are said to be the strongest eagles,
オウギワシ　　　〜といわれている　　最強の

sometimes catch monkeys and sloths and eat them.
ときどき　　　サル　　　ナマケモノ

⑦ To catch prey from high in the sky, eagle's eyes can see well
　　　　　　　空高くから　　　　　　　　　目　　見る　よく

from far away.
遠く

⑧ Bald eagles, the national bird of the United States of America,
ハクトウワシ（ボールド）　国鳥　　　アメリカ合衆国

can find prey within a 5 kilometer range from 1,000 meters in
　見つける　　　5キロメートルの範囲

the sky.

174

和訳

77 ワシ ｜《タカ科》

寿命：20〜40年。
主食：魚、小動物。

①タカの仲間のうち、大型のものをワシと呼んでいます。

②ワシには、オオワシのように海の近くに生息する種類と、イヌワシのように山に生息する種類がいます。

③海の近くに生息するワシは、魚や水鳥などを海岸でとらえて食べます。

④山に生息するワシは、木の上や岩場に巣をつくり、小動物をとらえます。

⑤ワシは、獲物をとらえるために鋭い爪とくちばしをもっています。

⑥最強のワシといわれるオオギワシは、サルやナマケモノをとらえて食べることもあります。

⑦**高い上空から獲物を捕らえるために、ワシの目は遠くまでよく見えます。**

⑧アメリカ合衆国の国鳥であるハクトウワシは、1,000mの上空から5kmの範囲内にいる獲物を見つけることができます。

78. Cockatoo  《Cockatoo Family》
コカトゥー

Life-span : 30 to 70 years.
Main foods : Seeds such as foxtail millet, barnyard millet and so on.

① Cockatoos have curved beaks and their tongues are round and
　オウム　　　　　曲がった　くちばし　　　　　　　　舌　　　　　　丸い

thick.
太い

② A round and thick tongue helps to *mimic human words and
　　　　　　　　　　　　　　　　役に立つ　まねる　人間の　言葉

the cries of animals.
　　鳴き声　　動物

③ Birds have a habit of mimicking, and cockatoos kept by
　鳥　　　　　習性　　まねをすること　　　　　　　　　　飼われている

humans think human words as the object of the mimicry.
　　　　～を…と考える　　　　　　　　　対象　　　　まね

④ Cockatoos only mimic the mere voice and they don't
　　　　　ただ～だけ　　　　単なる　声

understand as far as the meaning.
理解する　　～までは　　　意味

⑤ Cockatoos have 2 toes opening forward and backward on each
　　　　　　　　あしの指　開く　　前方に　　　　後方に　　　それぞれのあし

foot and with these toes they stop on tree branches and skillfully
　　　　　　　　　　　　　　　止まる　木　枝　　　　　上手に

grab food and eat.
つかむ　えさ　食べる

⑥ Cockatoos when compared to parakeets have plain colored
　　　　　　～の場合　～と比較して　　インコ　　　　地味な　色のついた

feathers.
羽

⑦ Cockatoos have feather crests on their heads and when they
　　　　　　　　　　冠羽　　　　　　　頭

are excited, these feather crests stand on end.
興奮する　　　　　　　　　　　　逆立つ

*mimic(まねる)：mimicked / mimicking / mimicry の変化に注意。

176

和訳 🖊

78 オウム ｜《オウム科》

寿命：30〜70年。
主食：アワやヒエなどの種子。

①オウムは、曲がったくちばしをもっており、舌は丸くて太くなっています。

②丸くて太い舌は、人間の言葉や動物の鳴き声のまねをするのに役立っています。

③鳥にはまねをする習性があり、人間に飼われているオウムは人間の言葉がまねをする対象になります。

④オウムはただ声をまねしているだけで、意味まではわかっていません。

⑤オウムは、前後に開く2本ずつのあしの指をもっており、この指で木の枝に止まったり、えさを上手につかんで食べたりします。

⑥オウムはインコに比べると地味な羽色をしています。

⑦オウムは、頭に冠羽をもっていて、興奮すると冠羽を逆立てます。

79. **Pigeon** ……《Dove and Pigeon Family》
ピジョン

Life-span : 3 to 20 years.
Main foods : Grain, beans, seeds of plants and so on.

① The family of *pigeons is all over the world except the polar
仲間　　　　ハト　　　　　　　　～中に　　　世界　　～を除いて　　極地

regions.

② There are many kinds with developed chest muscles and they
　～がある　　　種類　　　　発達した　　　胸筋　マスルズ

can quickly fly over long distances.
　　速く　　飛ぶ ～を越えて 長い　距離

③ The domestic pigeon（rock pigeon） and Oriental turtle dove
　　　　ドバト　　　　　　カワラバト　　　　　　　　キジバト

are kinds which are seen all over Japan.
　　　　　　　　見られる

④ On the wings of Oriental turtle doves there is a scale-like
　　　　　翼　　　　　　　　　　　　　　　　　　　　　　　　鱗のような

pattern.
模様

⑤ The ability to return to the nest is very high in domestic
　　能力　　　戻る　　　　巣　　　　高い

pigeons, and they were used as carrier pigeons and racing
　　　　　　　　　　使われた　　～として 伝書バト　　　　レース用のハト

pigeons.

⑥ The white doves often used in magic are Barbary doves.
　　　白い　　　よく　使われる　手品　　　ギンバト

⑦ In Japan, there is no custom of eating pigeons, but in Europe
　　　　　　　～がない　習慣　　食べること　　　　　　ヨーロッパ

and Asia they are heavily used as food.
　　アジア　　　　　頻繁に　使われる　食べ物

*pigeon：比較的大型のハト。平和の象徴としての小型のハトは dove。
ダヴ

和訳

79 ハト ｜《ハト科》

寿命：3 〜20年。
主食：穀類、豆類、植物の種子など。

①ハトの仲間は、極地を除く全世界にいます。

②胸の筋肉が発達している種類が多く、長い距離を速く飛ぶことができます。

③日本各地で見られるのは、ドバト（カワラバト）やキジバトといった種類です。

④キジバトの翼には、鱗状（うろこじょう）の模様（もよう）があります。

⑤ドバトは巣に戻る能力がとても高く、伝書バトやレース用のハトとして利用されていました。

⑥手品（てじな）で使われることが多い白いハトは、ギンバトです。

⑦日本ではハトを食べる習慣はありませんが、ヨーロッパやアジアでは食用として重用（ちょうよう）されています。

80. Gull
ガル

《Gull Family》

Life-span : 10 to 20 years.
Main foods : Fish, crab and so on.

① Gulls are white seabirds with members all over the world.
カモメ　　　白い　　海鳥　　　　　仲間　　〜じゅうに　世界

② They mainly eat fish and crabs, but gulls living in towns do
主に　食べる　　　　　　　暮らす　　町

such things as eating bread.
〜のような… ことがら　　　パン

③ Many of the gull family gather and nest along coasts and on
カモメ科　　　集まる　　巣をつくる 〜に沿って 海岸

islands and breed.
島　　　　繁殖する

④ This group is called a colony.
群れ　　　〜と呼ばれる　コロニー

⑤ The glaucous gull is bigger than any other gull which can be
シロカモメ(←淡い青緑色のカモメ) より大きい　他のどの　　　　　　　見られる

seen in Japan, and its size is about 60 〜 77 centimeters.
大きさ　　　　　センチメートル

⑥ The black-tailed gull is also a member of the gull family, and
ウミネコ

cries like the voice of a cat "meow".
鳴く 〜のような 鳴き声　　ネコ ミャオー

⑦ Black-tailed gulls are a typical gull that you can see in Japan in
代表的な　　　　　　見る

the summer.
夏

和訳

80 カモメ｜《カモメ科》

寿命：10〜20年。
主食：魚、カニなど。

①カモメは、世界中に仲間がいる白色の海鳥です。

②主に魚やカニなどを食べますが、町なかにすむカモメはパンを食べたりすることもあります。

③カモメの仲間の多くは、海岸や島に集まって集団をつくり、繁殖を行ないます。

④この集団をコロニーといいます。

⑤シロカモメは日本で見られるカモメの中で最も大きく、全長は約60 〜 77cm あります。

⑥**ウミネコもカモメの仲間で、「ミャオー」とネコのような声で鳴きます。**

⑦ウミネコは、夏に日本で見ることができる代表的なカモメです。

81. Swan
スワン

······《Duck Family》

Life-span : 10 to 30 years.
Main foods : Water plants, seeds of trees and so on.

① Swans are members of the duck family.
ハクチョウ   仲間   ダック
                              カモ科

② Among swans there are 7 kinds around the world.
   ～の中で   ～がいる 7種類   世界

③ There are 4 kinds seen in the Northern Hemisphere, of which
          4種類   見られる   北半球
the whooper swan, the tundra swan, and the mute swan are seen
   フーパー   タンドゥラ   ミュート
オオハクチョウ   コハクチョウ   コブハクチョウ 見られる
in Japan.

④ During summer, the whooper swan and the tundra swan raise
   ～の間 夏   育てる
young in Siberia and from fall to winter come to Japan and spend
子ども   シベリア   秋   冬   来る   過ごす
the winter.

⑤ The swanlings of the whooper swan and the tundra swan are
        幼鳥
not white, they are grayish white.
   白い   灰白色

⑥ The male and female whooper swans raise young together and
      オス   メス   いっしょに
are never separated until one of them dies.
   決して～ない 離れて ～まで   死ぬ

⑦ Mute swans are a kind that was not originally in Japan, but are
                  種類   もともと
ones that were raised and became wild.
それ   飼育されていた   ～になった 野生の

182

和訳

81 ハクチョウ |《カモ科》

寿命：10～30年。
主食：水草、木の実など。

①ハクチョウは、カモの仲間です。

②ハクチョウの仲間は、世界中で7種類います。

③北半球で見られるのは4種類で、そのうちオオハクチョウ、コハクチョウ、コブハクチョウは日本でも見ることができます。

④オオハクチョウやコハクチョウは夏の間、シベリアなどで子育てをし、秋から冬に日本にやって来て冬越えします。

⑤オオハクチョウやコハクチョウの幼鳥は白色ではなく、灰白色をしています。

⑥オオハクチョウはオスとメスがいっしょに子育てし、どちらかが死ぬまでは離れることがありません。

⑦コブハクチョウはもともと日本にはいなかった種類ですが、飼育されていたものが野生化したものです。

82. Owl
アウル

……《Owl Family》

Life-span : Small size…10 to 15 years. / Medium size…20 to 30 years. /
Large size…40 years.
Main foods: Small animals.

① The family of owls is meat eaters and has toes with sharp
仲間　　　　　フクロウ　　肉食動物　　　　　　　　　あしの指　　鋭い

*talons.
爪

② The family of owls has large eyes and can find prey even in the
　　　　　　　　　　　　大きい　目　　　　　見つける 獲物　〜でさえ

slight light of darkness.
わずかな　光　　暗やみ

③ Owl's eyeballs are fixed and cannot move, so owls turn their
　　　眼球　　固定されている　　　　　動く　　　　　　回す

necks greatly and see their surroundings.
首　　大きく　　　見る　　　周囲

④ Owls swallow their prey whole, make the indigestible hair,
　　　飲み込む　　　　丸ごと　〜を…にする　消化できない　毛

bones, teeth and so on into a ball and spit it out from their
骨　　歯　　　など　　　　球　　　それを吐き出す

mouths.
口

⑤ This thing that is spit out is called a 'pellet'.
　　もの　　　　　　　　〜と呼ばれる　ペリット
　　　　　　　　　　　　ヴェアリィ

⑥ The directions of their ears vary from left to right and because
　　方向　　　　　　　耳　異なる　　左　　右　　〜なので

the sounds heard by the left and right ears are different, they can
音　　聞かれる　　　　　　　　　　　　　異なって

grasp the position of prey accurately.
把握する　位置　　　　正確に

⑦ In the family of owls, those which have feathers that look like
　　　　　　　　　〜するもの　　　　　羽　　　〜のように見える

ears, called ear coverts, on top of their heads are called horned
耳羽　　　　　　　　　　最上部　　頭　　　　　　ミミズク

owls.

*talon：鉤爪。claw もほぼ同じ意味。人間の爪のようにうすい爪は nail。

和訳

82 フクロウ |《フクロウ科》

寿命:小型…10〜15年。中型…20〜30年。大型…40年。
主食:小動物。

①フクロウの仲間は肉食で、鋭い爪のついたあし指をもっています。

②フクロウの仲間は大きな目をもち、暗やみのわずかな光でも獲物を見つけることができます。

③フクロウの眼球は固定されていて動かすことができないため、首を大きく回してまわりを見ます。

④フクロウは獲物を丸のみにして、消化できなかった毛や骨、歯などを丸めて口から吐き出します。

⑤この吐き出したものをペリットといいます。

⑥耳は左右で向きがずれていて、左右の耳で聞こえる音の違いから正確に獲物の位置をとらえることができます。

⑦フクロウの仲間のうち、頭の上に耳羽と呼ばれる耳のように見える羽をもっているものをミミズクと呼んでいます。

83. Flamingo フラミンゴ ·····《Flamingo Family》

Life-span : 25～30 years.
Main foods : Algae.

① The family of flamingos lives life in large flocks in saltwater
　　　仲間　　　　フラミンゴ　　暮らす　　　　大きい　群れ　　　　塩水湖
lakes and river mouths.
　　　　　　　河口

② Flamingos have curved *¹bills and put them in the water so that
　　　　　　　　　曲がった　　くちばし　つける　　　　水　　　　～できるように
the upper side of the bill is downward and they eat underwater
　　　上側　　　　　　　　　　　下向きの　　　　　　　食べる　水中の
plankton, *²algae and so on.
プランクトン　藻類　　など

③ Most flamingos sleep standing on one leg.
　　多くの　　　　　眠る　立ちながら　　　あし

④ Flamingo chicks are white when they are born and little by
　　　　　　ひな　　　　白い　～するとき　生まれる　　　　少しずつ
little become gray.
　　　～になる　灰色の

⑤ Parents give the chicks a liquid called flamingo milk.
　　親　　与える　　　　　　　液体　～と呼ばれる フラミンゴミルク

⑥ Flamingo milk comes from a part inside the body of the parents
　　　　　　　　　～から出る　　部分　～の内部の　体
called a 'crop'.
　　　そのう

⑦ Flamingo milk has a red color and the color of the chick will
　　　　　　　　　　　　赤い　色
turn red as a result of being given flamingo milk.
～になる　　結果として

---

*¹bill：細長く平らなくちばし。鉤状のとがったくちばしは beak。
*²algae：alga（藻類）の複数形。

186

和訳

83 フラミンゴ |《フラミンゴ科》

寿命：25〜30年。
主食：藻類。

①フラミンゴの仲間は、塩水の湖や河口で大群で生活しています。

②フラミンゴは曲がったくちばしをもち、上側のくちばしが下になるよう水につけて、水中のプランクトンや藻類などを食べています。

③フラミンゴは、多くが片あしで立ったまま眠ります。

④フラミンゴのひなは、生まれたときは真っ白で少しずつ灰色になってきます。

⑤親鳥は、ひなにフラミンゴミルクと呼ばれる液体を与えます。

⑥フラミンゴミルクは、親鳥の体内にある「そのう」と呼ばれる部分から出ます。

⑦フラミンゴミルクは赤い色をしており、フラミンゴミルクを与えられることでひなの色は赤くなります。

84. Ostrich
オストゥリッチ

《Ostrich Family》

Life-span : 50 to 60 years.
Main foods : Plants, insects.

① Ostriches are the biggest animal in the class of birds and
　ダチョウ　　　　　　　最大の　動物　　　　　部類　　　鳥

inhabit central and southern Africa.
〜に生息する 中央部の　南部の　アフリカ

② There are only 2 toes on the ostrich's foot.
　〜しかない　　あし指　　　　　　あし

③ One of the toes has a sharp claw and it helps to drive away
　　　　　　　　　　　　鋭い　爪　　　　　役立つ　追い払う

enemies.
敵

④ Ostriches cannot fly in the sky, but the inner toe is very big and
　　　　　　　　　飛ぶ　　空　　　　　　内側の

they can run fast by kicking the ground with the large toe.
　　　走る　速く　蹴ること　地面

⑤ Ostriches can run at speeds as high as 70 kilometers per hour.
　　　　　　　　　　　速度　　　　　　　　キロメートル　1時間あたり

⑥ An ostrich egg weighs about one and a half kilograms, which is
　　　　　卵　　〜の重さがある　　1.5 キログラム

as much as 25 to 30 times more than a chicken egg.
〜もの　　25〜30 倍以上　　　　　〜より　ニワトリ

⑦ An ostrich egg is very strong and will not break even if an adult
　　　　　　　　　　　丈夫な　　　　　　割れる　たとえ〜でも 大人の人間

human steps on it.
　　　　踏む

188

和訳

84 ダチョウ |《ダチョウ科》

寿命：50～60年。
主食：植物、昆虫。

①ダチョウは鳥類最大の動物で、アフリカの中部や南部に生息しています。

②ダチョウのあしの指は、2本しかありません。

③あしの指の1本には鋭い爪があり、敵を追い払うのに役立ちます。

④**ダチョウは空を飛ぶことができませんが、内側の指がとても大きく、大きな指で地面を蹴ることで速く走ることができます。**

⑤ダチョウは、時速70kmもの速さで走ることができます。

⑥ダチョウの卵の重さは約1.5kgで、ニワトリの卵の25～30倍もあります。

⑦ダチョウの卵はとても丈夫で、大人の人間が踏んでも割れません。

Column 6

How do magic trick doves stay still until they appear?
手品のハトがじっと出番を待つのは？

① Generally, the doves are always moving. ② When you grasp a dove with both hands and turn it upside down, it will not move. ③ In nature, a dove never becomes upside down. ④ When faced with this strange situation, it is said that the dove is panicked and will not move. ⑤ Magicians can use this behavior of doves and can keep the doves still until they appear.

①一般にハトは常に動いています。②ハトを両手で握って仰向けにすると動かなくなります。③ハトは自然界で仰向けになることはありません。**④非日常的な状況に直面し、ハトはパニックになって身動きがとれなくなるのではないかといわれています。**⑤手品師はこのハトの習性を利用して、出番が来るまでハトをじっとさせることができるのです。

Chapter 7
Reptiles

第7章
爬虫類の動物
は ちゅう るい

85. **Crocodile** ……《Crocodile Order》
クロコダイル

Life-span : 50 to 70 years.
Main foods : Mammals, birds, fish and so on.

① Crocodiles mainly inhabit the waterside and are meat eating
ワニ　　　主に　　〜に生息する　　水辺　　　　　　　　肉食の
reptiles.
レプタイルズ
爬虫類

② To catch prey they have strong jaws and sharp teeth.
捕らえる 獲物　　　　　　強い　あご　　鋭い　歯

③ Small crocodiles catch fish and small animals and eat.
小型の　　　　　　　　　　　小動物　　　　食べる

④ Large crocodiles are brutal and sometimes attack large
大型の　　　　　　　凶暴な　　　ときに　　襲う
mammals and people.
哺乳類

⑤ Female crocodiles raise the young.
メス　　　　　　　育てる　子ども

⑥ Females dig a hole in the ground and lay dozens of eggs.
掘る　穴　　　地面　　　産む 数十個の　卵

⑦ During the time until the eggs hatch, she will protect the eggs
〜の間　　時　〜まで　　　ふ化する　　　守る
so that other animals cannot eat them.
〜が…できないように 他の　動物

⑧ When hatching, she helps by biting and cracking the shell of
〜のとき　　　　助ける　噛むこと　　割ること　　殻
the eggs and moving the soil aside.
どかすこと　土　わきへ

⑨ For several months until the young grow, the female will
〜の間 数カ月　　　　　　　　　成長する
protect the young from enemies.

⑩ Crocodiles are the only reptiles which raise the young.
唯一の

192

和訳

85 ワニ │《ワニ目》

寿命:50〜70年。
主食:哺乳類、鳥、魚など。

①ワニは主に水辺に生息する、肉食の爬虫類です。

②獲物を捕らえるために、強いあごと鋭い歯をもっています。

③小型のワニは、魚や小動物を捕まえて食べます。

④大型のワニは凶暴で、大型の哺乳類や人を襲うこともあります。

⑤ワニのメスは、子育てをします。

⑥メスは地面に穴を掘り、数十個の卵を産みます。

⑦卵がふ化するまでの間、他の動物に食べられないように卵を守ります。

⑧ふ化するときは、卵の殻を噛み割ったり、土をわきにどけたりして手伝います。

⑨子どもが大きくなるまでの数カ月の間、メスは外敵から子どもを守ります。

⑩**爬虫類で子育てをするのは、ワニだけです。**

86. Snake スネイク

……《Scaled reptile order》

Life-span : 10 to 20 years.
Main foods : Small mammals, birds, reptiles, frogs and so on.

① The family of snakes inhabits the whole world except Antarctica.
仲間　　　　　ヘビ　　～に生息する　全世界　　　　～を除いて　南極大陸

② Snakes have long thin bodies and the whole body is covered
　　　　　　　長い　細い　体　　　　　　全体の　　　　　～でおおわれている

with scales.
　　　うろこ

③ Snakes have no arms and legs and move by wriggling their
　　　　　　　　　腕　　　　あし　　　移動する　くねらせること

bodies.

④ Some also climb trees to catch prey.
いくつかのもの ～もまた 登る 木　　捕る　獲物

⑤ When going along a thin place such as a tree branch, they go
～するとき 行く ～に沿って　　場所　～など　　　　　　枝

forward by sandwiching the branch with their body.
前へ　　　～を…ではさむ

⑥ Also there are many kinds which are good at swimming and
また～も ～がいる　　種類　　　　～が得意である　　泳ぐこと

move underwater by wriggling their bodies.
　　　水中で

⑦ Like the *mamushi* pit viper and *yamakagashi* living in Japan,
～のような ニホンマムシ ヴァイパー　ヤマカガシ　　　　生息する　日本

there are also some with fangs which inject *venom.
　　　　　　　　　きば　　　　　注入する　毒（液）

⑧ *Mamushi* pit vipers are ovoviviparous, the young are hatched
　　　　　　　　　　　　　　卵胎生の　　　　子ども　ふ化される

inside the mother's stomach and are born from a hole in the base
～の中で　母親の　おなか　　　生まれる　　　　穴　　　　つけ根

part of the tail.
　　　　尾

*venom：毒ヘビにかまれるなどして、傷口から入る毒をいい、毒キノコを食べたり、毒ガエルに触れるな
どして、口や皮ふから入る毒を poison という。

194

86 ヘビ｜《有鱗目》

寿命：10〜20年。
主食：小型の哺乳類、鳥、爬虫類、カエルなど。

①ヘビの仲間は、南極大陸を除く世界中に生息しています。

②ヘビは細長い体をしており、全身がうろこでおおわれています。

③ヘビには手やあしがなく、体をくねらせて進みます。

④獲物（えもの）を捕（と）るために木に登るものもいます。

⑤木の枝など細いところを通る時には、体で枝をはさみ込んで進みます。

⑥また、泳ぎが得意な種類も多く、体をくねらせることで水中を進みます。

⑦日本にすむニホンマムシやヤマカガシのように毒を出すきばをもっているものもいます。

⑧ニホンマムシは卵胎生（らんたいせい）で、メスのおなかの中でふ化した子どもを、尾のつけ根の部分にある穴から生みます。

87. Lizard

リザード

·······《Scaled reptile order》

Life-span : 5 to 10 years.
Main foods : Insects and so on.

① The 3 kinds of lizards often seen in Japan, Japanese *skinks,
　種類　　　　　　トカゲ　よく　見られる　　　　　　ニホントカゲ

eastern Japanese skinks, and Japanese grass lizards inhabit
ヒガシニホントカゲ　　　　　　　　ニホンカナヘビ　　　　　　　～に生息する

grasslands and rocky areas.
草地　　　　　岩の多い　地域

② Japanese skinks and eastern Japanese skinks have a striped
　　　　　　　　　　　　　　　　　　　　　　　　　　　　　　縞の

pattern on their bodies.
模様　　　　　体

③ Compared with Japanese skinks and eastern Japanese skinks,
　～と比べて

Japanese grass lizard's scales are less glossy, the skin is rough
　　　　　　　　　　　うろこ　　　光沢がより少ない　　皮ふ　ざらざらした

and the color of the body is brown.
　　　　色　　　　　　　　茶色

④ Among small size lizards, when attacked by enemies for
　～の中で　小型　　　　　　　～とき　襲われる　　　敵

example, the tail breaks off easily.
たとえば　　尾　切れる　簡単に

⑤ The broken off tail continues to move for a short time and
　　　　　　　　　　動き続ける　　　　しばらくの間

while the enemy is distracted by the tail the lizard can escape.
～する間に　　気をとられる　　　　　　　　　　　　　逃げる

⑥ At the broken off tail, the cells at the cut end shrink and the
　～のところで　　　　　細胞　　　切り口　委縮する

blood vessels become smaller, making it difficult to bleed.
血管　　　～になる　より小さい　～を…にする　難しい　出血する

⑦ After a while the new tail will grow again.
　しばらくして　　　　　　　　生える　再び

*skink : lizard と同じくトカゲの意。

196

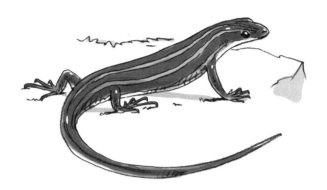

和訳

87 トカゲ |《有鱗目》

寿命：5〜10年。
主食：昆虫など。

①日本でよく見られるトカゲは、ニホントカゲ、ヒガシニホントカゲ、ニホンカナヘビの３種類で、草地や山地に生息しています。

②ニホントカゲとヒガシニホントカゲは、体に縞模様があります。

③ニホンカナヘビはニホントカゲやヒガシニホントカゲと比べると、うろこに光沢が少なく、皮ふがざらざらしており、体の色は茶色です。

④小型のトカゲの仲間は、敵に襲われたときなどに、簡単にしっぽが切れるようになっています。

⑤**切れたしっぽはしばらく動き続けるため、敵がしっぽに気をとられているうちに逃げることができます。**

⑥切れたしっぽでは切り口の細胞が萎縮して血管が縮むため、出血しにくくなっています。

⑦切れたしっぽはしばらくすると、また生えてきます。

88. Turtle タートゥル

……《Turtle Order》

Life-span : Small size…20 to 30 years. / Large size…50 to 100 years.
Main foods : Sea turtles…shrimp, shellfish, seaweed and so on.
　　　　　　 Land turtles…grasses, leaves of trees, flowers and so on.

① In the world, including land turtles and sea turtles, there are
　　　　　　　　 世界　　含む　　 リクガメ　　　　 ウミガメ　　　　 ～がある
about 300 kinds of turtles.
　　　　　　 種類

② The shell of turtles is made of the spreading of the ribs
　　 甲羅　　　　　　 ～からできている　　 広がり　　　　　　 肋骨
attached to the backbone.
～につけられた　　 背骨

③ The surface of the shell is covered by large scale-like things
　　 表面　　　　　　　　　 おおわれている　 大きい 鱗のような　 もの
　　 スキューツ
called scutes.
～と呼ばれる 鱗板

④ Land turtles have short solid legs.
　　　　　　　　　　 短い　 丈夫な あし

⑤ Turtles have heavy shells and their legs are bent like lizards, so
　　　　　　 重い　　　　　　　　　　　　　　　 曲がった　 トカゲ
their walking speed is slow.
　　 歩く速さ　　　　 遅い

⑥ Sea turtles move their front legs up and down and swim
　　　　　　 動かす　　 前あし　　 上下に　　　　　 泳ぐ
underwater as if flapping their wings in the sky.
水中で　　 ～かのように はばたかせる　 翼　　　 空

⑦ Turtles protect themselves from enemies by pulling in their
　　　　 ～を守る 自分自身　　　 敵　　　　 ひっ込めること
necks inside their shell.
首　　　 ～の中に

⑧ Because African side-necked turtles can't pull in their necks,
　　 ～なので　 ヨコクビガメ
they bend their necks sideways along the shell and protect
　　 曲げる　　　　　　　 横に　　　 ～に沿って
themselves from enemies.

198

和訳

88 カメ ｜《カメ目》

寿命：小型…20〜30年。大型…50〜100年。
主食：ウミガメの仲間…エビや貝、海草など。
　　　リクガメの仲間…草、木の葉、花など。

①世界には、リクガメの仲間やウミガメの仲間など、約300種類の
カメがいます。

②**カメの甲羅は、背骨にくっついた肋骨が広がってできたもので
す。**

③甲羅の表面は、鱗板と呼ばれる大きな鱗のようなものでおおわれ
ています。

④リクガメは、短くて丈夫なあしをもっています。

⑤カメは重い甲羅があり、トカゲのようにあしが曲がってついてい
るため、歩く速度は遅いです。

⑥ウミガメは前あしを上下に動かし、まるで空をはばたいているよ
うに水中を泳ぎます。

⑦カメは、首を甲羅の中にひっ込めることで敵から身を守ります。

⑧ヨコクビガメは首をひっ込めることができないため、首を甲羅に
そって横に曲げて、敵から身を守ります。

Column 7

Don't blowfish actually have poison?
フグは本当は毒をもっていない？

① In the liver and ovaries, blowfish mainly have a poison called tetrodotoxin. ② Blowfish swell their bodies when they are in danger of enemies, and in this way cannot be eaten, but if eaten, even humans may die. ③ However, poison is not produced in the body of blowfish themselves. ④ The starfish and shellfish which the blowfish eats contain poison, and that poison collects in the body of blowfish. ⑤ Therefore, aquaculture blowfish don't have poison.

①フグは肝臓や卵巣に、主にテトロドトキシンという毒をもっています。 ②フグは危険を感じると体を膨らませて、敵に食べられないようにしますが、もし食べてしまうと、人間でも死亡する可能性があります。 ③しかし、フグ自身が体内で毒をつくっているわけではありません。 ④**フグが食べるヒトデや貝に毒が含まれていて、その毒を体内にため込んでいるのです。** ⑤したがって、養殖のフグは毒をもっていません。

Chapter 8
Amphibians

第8章
両生類の動物

89

Frog
フロッグ

Life-span : 5 to 15 years.
Main foods : Insects.

① Frogs are amphibians which inhabit around the world except
カエル　両生類　　　　〜に生息する　　　　　　世界　　〜を除いて

the Arctic, Antarctica and deserts.
北極　　南極　　　　　砂漠

② Both the body colors and patterns vary and some frogs have
〜と…の両方とも 体色　　　模様　　いろいろある

deadly *poison.
致命的な　毒

③ Young frog are called tadpoles and breathe using gills
子どもの　　〜と呼ばれる オタマジャクシ　呼吸する 使って えら

underwater.
水中で

④ When becoming adults, the front and rear legs come out, the
〜とき 〜になる 大人　　前の　　　後ろの あし 出てくる

tail disappears, and they breathe with lungs and skin.
尾　 なくなる　　　　　　　　〜を使って 肺　　　皮ふ

⑤ Frogs live life on the waterside and the ground, catch insects
暮らす　　　水辺　　　　　　地面　　捕まえる

and eat.
食べる

⑥ The front feet and the rear feet are webbed and using their
あし(先の部分)　　　　　　水かきのある

long developed rear legs, they jump greatly.
長い 発達した　　　　　跳ねる 大きく

⑦ Because their body temperature changes depending on the
〜なので　　体温　　　　　変わる　〜によって

surrounding temperature, frogs living in cold areas hibernate
まわりの　　　　　　　　　　　　　　寒い 地域 冬眠する
ハイバネイト

when it becomes winter and wait for spring.
冬　　　　〜を待つ 春

89 カエル │《カエル目》

寿命：5〜15年。
主食：昆虫。

①カエルは、北極や南極、砂漠を除く世界中に生息する両生類です。

②体の色や模様もさまざまで、猛毒をもつカエルもいます。

③カエルの子どもはオタマジャクシと呼ばれ、水中でえら呼吸をします。

④大人になると、前あしと後ろあしが出て尾はなくなり、肺と皮ふで呼吸するようになります。

⑤カエルは水辺や地上で生活し、昆虫などを捕まえて食べます。

⑥前あしと後ろあしには水かきがあり、発達した長い後ろあしを使って、大きく跳ねます。

⑦まわりの温度に応じて体温が変化するため、寒い地域にすむカエルは、冬になると冬眠して春を待ちます。

90

ニュート
Newt

……《Newt Family》

Life-span : 20 to 30 years.
Main foods : Fish, earthworms.

① Newts are amphibians inhabiting Europe and Japan.
イモリ　両生類　〜に生息する　ヨーロッパ

② In Japanese, the *yamori*(gecko) whose name is similar to *imori*
日本語　ヤモリ　ゲコウ　名前　〜と似ている

(newt) is a reptile.
爬虫類

③ The Japanese fire-belly newt which is often seen in Japan is
アカハライモリ　よく　見られる

unique to Japan and lives in rice fields, streams, ponds and so on
〜に固有の　すむ　水田　小川　池

in Honshu, Shikoku and Kyushu.
本州　四国　九州

④ On Japanese fire-belly newts, as the name suggests, the
〜の通りで　示す

stomach part is red and there is a black pattern on the stomach.
おなかの部分　赤い　〜がある　黒い　模様

⑤ From the skin a poison called tetrodotoxin which is the same
皮ふ　毒　〜と呼ばれる　テトロドトキシン　〜と同じの

as the poison of blowfish is produced.
フグ　出される

⑥ Newts sometimes come up to the land, but basically they live
ときには　〜まで来る　陸　基本的に　暮らす

life in the water.
水

⑦ When it becomes breeding season, males wriggle their bodies
〜するとき　〜になる　繁殖期　オス　くねくね動かす　体

in a courtship behavior.
求愛行動

⑧ The young are shaped like tadpoles and breathe with gills
子ども　〜の形をしている　〜のような　オタマジャクシ　呼吸する　〜を使って　えら

attached to the outside of their bodies.
〜につけられた　外側

和訳

90 イモリ｜《イモリ科》

寿命:20〜30年。
主食:魚、ミミズ。

①イモリは、ヨーロッパや日本に生息する両生類です。

②日本語でイモリと名前が似ているヤモリは、爬虫類です。

③日本で多く見られるアカハライモリは、日本固有種で、本州や四国、九州の水田や小川、池などにすんでいます。

④アカハライモリは、名前の通りおなかの部分が赤く、おなかに黒い模様があります。

⑤皮ふからフグの毒と同じテトロドトキシンという毒を出します。

⑥イモリは、陸に上がることもありますが、基本的には水中で生活しています。

⑦繁殖期になると、オスは体をくねくねさせて求愛行動をします。

⑧子どもはオタマジャクシのような姿をしていて、体の外側についたえらで呼吸します。

91. Salamander
サラマンダー
《Salamander Family》

Life-span : 15 to 60 years.
Main foods : Larvae···Sludge worms, blood worms and so on.
　　　　　　Adult···Small fish, crabs, frogs.

① Salamanders are amphibians which inhabit widely in the
サンショウウオ　　　　両生類　　　　　～に生息する　広く

temperate zone of the Northern Hemisphere.
温帯　　　　　　　　　　北半球

② In Japan, they inhabit from the upper stream to the middle
上流　　　　　　　　中間の

river basins of clean rivers in Honshu, Kyushu, Shikoku, and live
川　流域　　きれいな　　本州　　　九州　　　四国　　　　暮らす

in the water and on the waterside.
水　　　　　　　水辺

③ The body is slender, damp and has a long tail.
体　　　　細長い　　湿った　　　　　長い　尾

④ The pattern of the body is unique for each individual, and it is
模様　　　　　　　　　特有の　　それぞれの　個体

said that there is no individual with the same pattern.
～といわれている ～がない　　　　　　　～をもった　同じ

⑤ The eyes of Japanese giant salamanders are small and there
目　　オオサンショウウオ　　　　　　　　　小さい　　　　～がある
　　　　ウォーツ

are many small warts on their heads.
　　　　　　いぼ　　　　頭

⑥ They breathe with the lungs and the skin, but they are
呼吸する　　　　　　肺　　　　　皮ふ

characterized by a high ratio of breathing in the skin.
特徴づけられる　　　　高い　割合　　呼吸

⑦ Japanese giant salamanders are active at night and eat
活発な　　夜　　　食べる

freshwater crabs, frogs, fish and so on.
サワガニ　　　　カエル　魚　　など

⑧ The Japanese giant salamander is designated as a special
指定されている　　　～として
　　　　　　　　　　　　　　　　　　　　　　　フォスル

natural treasure of Japan and is said to be a "living fossil".
特別天然記念物　　　　　　　　　生きた化石

和訳

91 サンショウウオ｜《サンショウウオ科》

寿命：15〜60年。
主食：幼生…イトミミズ、アカムシなど。
　　　成体…小魚、カニ、カエル。

①サンショウウオは、北半球の温帯に広く生息する両生類です。

②日本では、本州と九州、四国の水のきれいな川の上流から中流域に生息し、水中や水辺で暮らします。

③体は細長く、湿っていて長い尾をもっています。

④体の模様はそれぞれの個体によって異なり、同じ模様をもつ個体はいないといわれています。

⑤オオサンショウウオの目は小さく、頭には小さないぼがたくさんあります。

⑥肺と皮ふで呼吸しますが、皮ふでの呼吸の比率が高いのが特徴です。

⑦オオサンショウウオは夜行性で、サワガニやカエル、魚などを食べます。

⑧**オオサンショウウオは、日本の特別天然記念物に指定されていて「生きた化石」ともいわれています。**

監 修 者

飯野　宏（いいの　ひろし）
1958年東京都豊島区生まれ。
日本大学農獣医学部（現：生物資源科学部）卒業。
東京・埼玉に校舎を展開する進学塾で、小学生から高校生までの受験に
携わる。
現在は、理科に関係する書籍、教材、テストなどの執筆、監修を精力的
に行なっている。

英 文 執 筆 者

Gregory Patton（グレゴリー　パットン）
1965年米国ワシントンD.C.生まれ。
コロラド大学卒業後、来日。
英会話学校講師を経て、現在、公立小・中学校外国語講師。
本シリーズ好評既刊『英語対訳で読む「算数・数学」入門』の英文執筆者で
もあり、『英語対訳で読む日本の歴史』、『英語対訳で読む日本史の有名人』
の英文監訳も務める。

※本書は書き下ろしオリジナルです。

じっぴコンパクト新書　343

JIPPI
Compact

生態の不思議を話したくなる！
英語対訳で読む 動物図鑑
An Illustrated Encyclopedia of Animals in Simple English

2018年1月22日 初版第1刷発行

監修者…………飯野　宏
英文執筆者………Gregory Patton
発行者…………岩野裕一
発行所…………**株式会社実業之日本社**
〒153-0044　東京都目黒区大橋1-5-1　クロスエアタワー8F
電話（編集）03-6809-0452
　　　（販売）03-6809-0495
http://www.j-n.co.jp/
印刷・製本………大日本印刷株式会社